JN004265

今すぐ使える **かんたん**

ぜったいデキます!

パソコン

超入門

改訂4版

Windows 10 対応版

技術評論社

→ この本の特徴

① ぜったいデキます！

操作手順を省略しません！

解説を一切省略していないので、
途中でわからなくなることがありません！

あれもこれもと詰め込みません！

操作や知識を盛り込みすぎていないので、
スラスラ学習できます！

なんどもくり返し解説します！

一度やった操作もくり返し説明するので、
忘れてしまってもまた思い出せます！

② 文字が大きい

たとえばこんなに違います。

大きな文字で 読みやすい	大きな文字で 読みやすい	大きな文字で 読みやすい
ふつうの本	見やすいといわれている本	この本

③ 専門用語は絵で解説

大事な操作は言葉だけではなく絵でも理解できます。

左クリックの
アイコン

ドラッグの
アイコン

入力の
アイコン

Enterキーのアイコン

④ オールカラー

2色よりもやっぱりカラー。

2色

カラー

→ CONTENTS

第3章 作成した文書を編集しよう

第4章 インターネットを始めよう

第5章 電子メールを利用しよう

第6章 いろいろなアプリや サービスを楽しもう

第 7 章 デジカメ写真を楽しもう

第 8 章 デスクトップの操作をしよう

第9章 パソコンの困った!を解決したい

第 **1** 章

基本操作を覚えよう

第 **1** 章

この章で学ぶこと

➤ パソコンの画面の名称を知っていますか?

➤ マウスの使い方がわかりますか?

➤ スタートメニューが表示できますか?

➤ スタートメニューの画面の名称を
　知っていますか?

➤ パソコンを正しく終了できますか?

パソコンの電源を入れよう

パソコンの電源を入れることを起動といいます。電源ケーブルやマウス、キーボードなどが接続されているかを確認し、パソコンの電源ボタンを押します。

操作   左クリック ▶P.017  入力 ▶P.034

1 電源ボタンを押します

パソコンの**電源ケーブル**が接続されていることを確認します。

左クリック

11:27
5月29日 (金)

パソコンの**電源ボタン**を押します。
左のような画面が表示されたら、
左クリックします。

画面のどこを左クリックしても
OKですよ！

2 パスワードを入力します

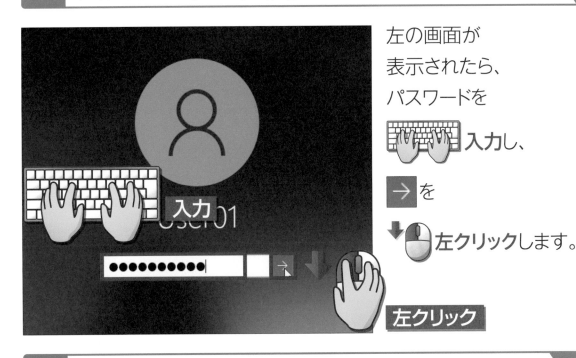

左の画面が
表示されたら、
パスワードを

入力し、

→ を

左クリックします。

左クリック

3 パソコンが起動します

パソコンのデスクトップ画面が表示されます。

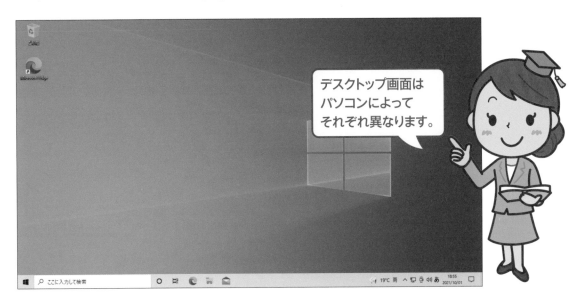

デスクトップ画面は
パソコンによって
それぞれ異なります。

パソコンの画面を知ろう

→ ここでは、パソコンの画面を構成している各部の名称と役割を確認します。重要な用語が多いので、しっかり覚えておきましょう。

パソコンの画面

パソコンの画面は、次のようになっています。

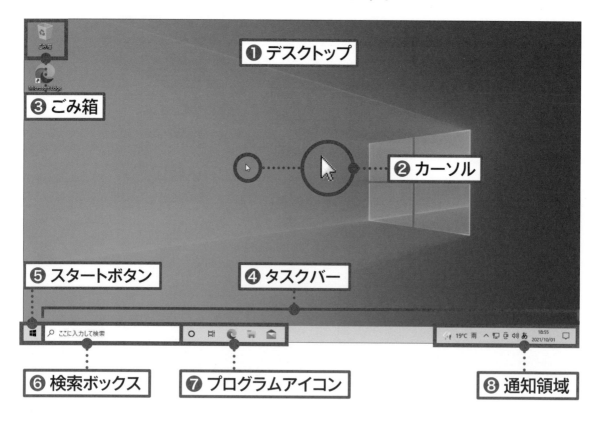

❶ デスクトップ
❷ カーソル
❸ ごみ箱
❹ タスクバー
❺ スタートボタン
❻ 検索ボックス
❼ プログラムアイコン
❽ 通知領域

▶ 各部の名称と役割

❶ デスクトップ

さまざまな作業を行うところです。「机の上」と考えるとわかりやすいです。

❷ カーソル

パソコンに指示をするときに使います。マウスの動きと連動します。使う場面によって、形が変わります。

❸ ごみ箱

削除したファイルは、ごみ箱に移動します。

❹ タスクバー

デスクトップに広げているウィンドウの内容が表示される場所です。この中に、❽ **通知領域**も含まれます。

❺ スタートボタン

左クリックすると、スタートメニューが表示されます。

❻ 検索ボックス

ファイルの検索やアプリの実行などを行います。

❼ プログラムアイコン

よく使うアプリをかんたんに起動するためのボタンです。

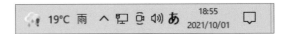

❽ 通知領域

現在の時刻やスピーカーの音量などの情報が表示されます。

🌧 19℃ 雨 ∧ 🖵 🖶 🔊 あ 18:55 2021/10/01 🗔

⊞ 🔍 ここに入力して検索　　　○ 🍥 🍵 🖼 ✉　　　🌧 19℃ 雨 ∧ 🖵 🖶 🔊 あ 18:55 2021/10/01 🗔

マウスの使い方を知ろう

> パソコンを操作するには、マウスを使います。
> マウスの正しい持ち方や、クリックやドラッグなどの使い方を知りましょう。

マウスの各部の名称

最初に、**マウスの各部の名称**を確認しておきましょう。初心者には**マウスが便利**なので、パソコンについていなかったら購入しましょう。

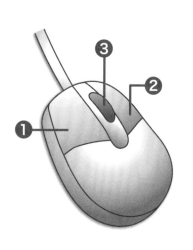

❶ 左ボタン

左ボタンを1回押すことを**左クリック**といいます。画面にあるものを選択したり、操作を決定したりするときなどに使います。

❷ 右ボタン

右ボタンを1回押すことを**右クリック**といいます。操作のメニューを表示するときに使います。

❸ ホイール

真ん中のボタンを回すと、画面が上下左右に**スクロール**します。

マウスの持ち方

マウスには、操作のしやすい持ち方があります。
ここでは、マウスの**正しい持ち方**を覚えましょう。

❶ 手首を机につけて、マウスの上に軽く手を乗せます。

❷ マウスの両脇を、**親指と薬指で**軽くはさみます。

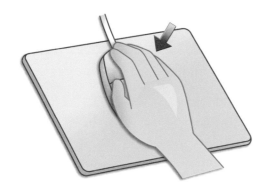

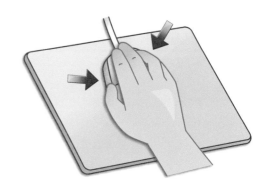

❸ **人差し指**を左ボタンの上に、**中指**を右ボタンの上に軽く乗せます。

❹ 机の上で前後左右にマウスをすべらせます。このとき、**手首をつけたまま**にしておくと、腕が楽です。

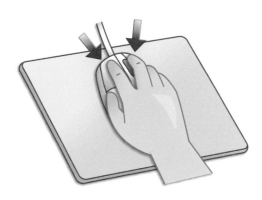

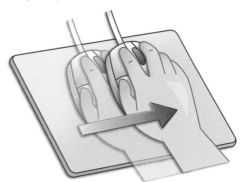

カーソルを移動しよう

マウスを動かすと、それに合わせて画面内の矢印が動きます。
この矢印のことを、**カーソル**といいます。

マウスを右に動かすと…

カーソルも右に移動します

● もっと右に移動したいときは?

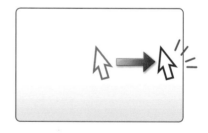

もっと右に動かしたいのに、
マウスが机の端に来てしまったと
きは…

マウスを机から**浮かせて**、左側に
持っていきます❶。そこからまた
右に移動します❷。

マウスをクリックしよう

マウスの左ボタンを1回押すことを**左クリック**といいます。
右ボタンを1回押すことを**右クリック**といいます。

❶ クリックする前
15ページの方法でマウスを
持ちます。

マウスを持つ

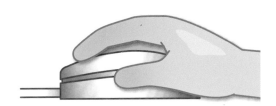

❷ クリックしたとき
人差し指で、左ボタンを軽く押します。カチッと音がします。

軽く押す

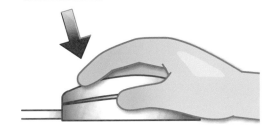

❸ クリックしたあと
すぐに指の力を抜きます。左ボタンが元の状態に戻ります。

指の力を抜く

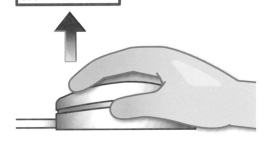

マウスを操作するときは、常にボタンの上に軽く指を乗せておきます。
ボタンをクリックするときも、ボタンから指を離さずに操作しましょう。

マウスをダブルクリックしよう

左ボタンを2回続けて押すことを**ダブルクリック**といいます。
カチカチとテンポよく押します。

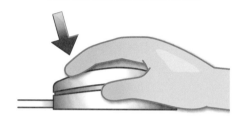

練習 デスクトップの**ごみ箱**のアイコンを使って、
ダブルクリックの練習をしましょう。

❶ 画面左上にあるごみ箱の上に
　 🖱（カーソル）を移動します。

❷ 左ボタンをカチカチと2回押し
　 ます（ダブルクリック）。

❸ ダブルクリックがうまくいくと
　 「ごみ箱」が開きます。

❹ ×（閉じる）に 🖱（カーソル）
　 を移動して左クリックします。
　 ごみ箱が閉じます。

マウスをドラッグしよう

マウスの左ボタンを押しながらマウスを動かすことを、
ドラッグといいます。

左ボタンを押したまま移動して…　　　　指の力を抜く

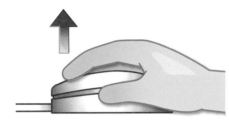

練習　デスクトップの**ごみ箱**のアイコンを使って、
ドラッグの練習をしましょう。

❶ ごみ箱の上に ☇（カーソル）を
移動します。左ボタンを押した
まま、マウスを右下方向に移動
します。指の力を抜きます。

❷ ドラッグがうまくいくと、ごみ箱
の場所が移動します。同様の方
法で、ごみ箱を元の場所に戻し
ましょう。

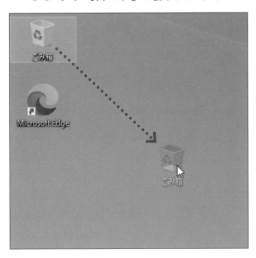

タッチパッドの使い方を知ろう

> ノートパソコンのキーボードの手前には、マウスの役割をするタッチパッドがついています。通常のマウスとは使い方が異なるため、注意が必要です。

タッチパッドって何?

タッチパッドは、マウスの代わりに ▷ (カーソル)を操作する道具です。ノートパソコンの多くについています。

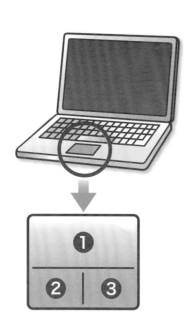

❶ カーソルの移動

タッチパッドを指で軽くこすると、指の動きに合わせて ▷ (カーソル)が動きます。

❷ 左クリック

タッチパッドの左下を1回押すことを、**左クリック**といいます。

❸ 右クリック

タッチパッドの右下を1回押すことを、**右クリック**といいます。

タッチパッドでダブルクリックしよう

タッチパッドの**左下**を2回続けて押すことを、**ダブルクリック**といいます。カチカチとテンポよく押します。

2回

タッチパッドが難しいと感じたら、マウスを購入して使おう！
初心者はマウスのほうが使いやすいよ！

タッチパッドでドラッグしよう

左手の人差し指でタッチパッドの**左下**を押したまま、右手の人差し指でタッチパッドをこする操作を、**ドラッグ**といいます。

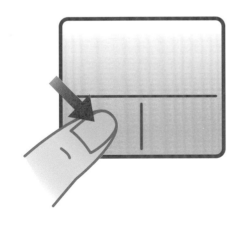

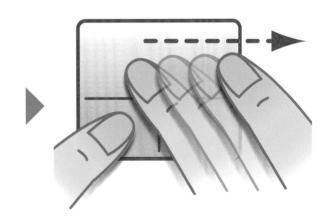

タッチパッドをタップしよう

タッチパッドの真ん中を軽く1回叩くことを**タップ**、2回叩くことを**ダブルタップ**といいます。タップはマウスの左クリックと、ダブルタップはマウスのダブルクリックと同じことです。

❶ タッチパッドを指で軽くこすって、ごみ箱の上に _{カーソル} ↖ を**移動**します。

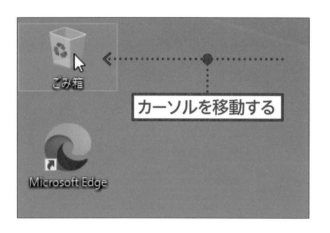

❷ タップすると、ごみ箱が選択されます。
　ダブルタップすると、ごみ箱が開きます。

スライドで画面をスクロールしよう

右手の人差し指と中指を、タッチパッド上で上下左右に
まっすぐ動かすことを、**スライド**といいます。
パソコンによっては、スライドが使えない機種もあります。

❶ 24～25ページの方法で、スタートメニューを表示します。
　タッチパッドの上に、人差し指と中指を軽く離して置きます。

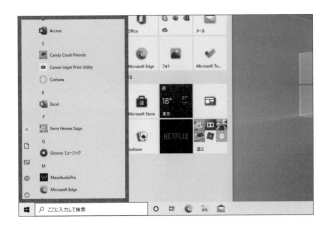

❷ そのまま、上または下方向に指をすべらせます。
　アプリ一覧が**スクロール**します。

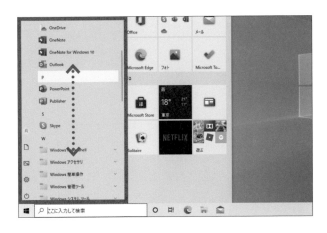

スタートメニューを表示しよう

パソコンで何かを始めるときは、スタートメニューを使います。
まずは、スタートメニューを表示する方法を覚えましょう。

操作  移動 ▶P.016 左クリック ▶P.017   回転 ▶P.014

1 スタートボタンを左クリックします

スタートボタン

に

カーソル

を移動して、

左クリックします。

2 スタートメニューが表示されます

アプリ一覧

スタートメニューが
表示されます。

アプリ（ソフト）の
アイコンが
並んでいる場所が
アプリ一覧です。

3 アプリ一覧の下の方を表示します

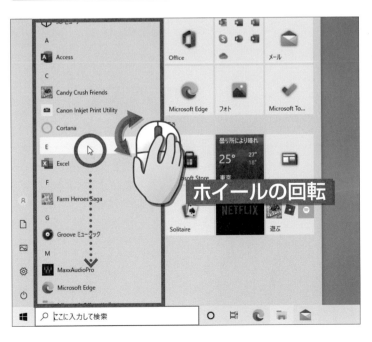

ホイールの回転

アプリ一覧の上に
カーソル
を**移動**して、
マウスのホイールを

回転します。

4 マウスのホイールを回転します

ホイールの回転

アプリ一覧の下の方が
表示されます。

マウスのホイールを
反対方向に
回転します。

5 アプリ一覧の上の方が表示されます

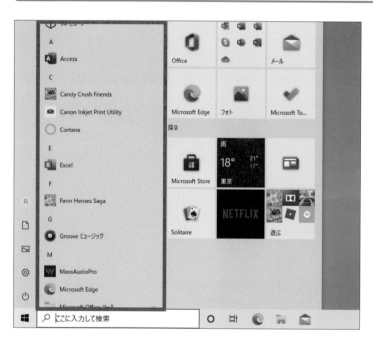

アプリ一覧の上の方が
表示されます。

ポイント！

タッチパッドで画面をスクロール
するには、人差し指と中指をタッ
チパッド上で上下左右にまっす
ぐ動かします（23ページ参照）。

6 スタートメニューを閉じます

もう一度、

スタートボタン

を

左クリックします。

7 デスクトップが表示されます

スタートメニューが閉じて、デスクトップが表示されます。

デスクトップが表示される

スタートメニューを知ろう

→ スタートメニューは、パソコンで使うアプリ（ソフト）を起動するときに使います。頻繁に使用しますので、スタートメニューの構成を知っておきましょう。

スタートメニューの画面

24ページの方法で**スタートメニュー**を表示します。
アプリ一覧の内容は、パソコンによって異なります。

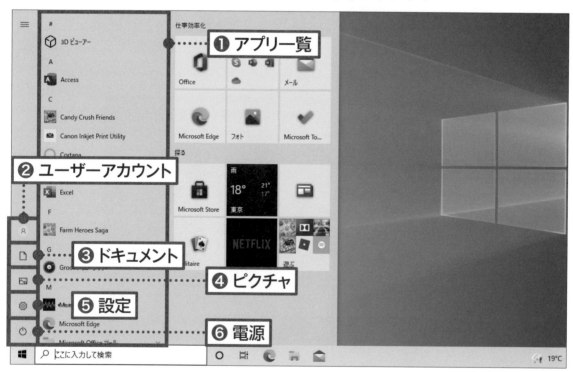

各部の役割

❶ アプリ一覧

パソコンにインストールされているアプリの名前が表示されます。アルファベット順のうしろに五十音順のアプリが表示されます。

❷ ユーザーアカウント

パソコンを使っているユーザーが表示されます。

❸ ドキュメント

「ドキュメント」フォルダーを開きます。

❹ ピクチャ

「ピクチャ」フォルダーを開きます。

❺ 設定

パソコンの設定を変更するときに使います。

❻ 電源

パソコンの電源を切ったり再起動したりするときに使います。

:コラム　**アプリ一覧にはインデックスがついている**

スタートメニューのアプリ一覧❶には、英字やひらがなのインデックスがついています。たとえば、Excelは「E」のインデックスの欄にあるという具合です。

パソコンを終了しよう

パソコンを使い終わったら、パソコンを終了します。
スタートメニューの電源ボタンから終了します。

 操作 左クリック ▶P.017

1 パソコンを終了します

24ページの方法で、
スタートメニューを
表示します。

 電源 を

左クリックします。

 を

左クリックします。

パソコンが終了します。

2 キーボードから 文字を入力しよう

この章で学ぶこと

➤ 日本語入力モードと英語入力モードを 切り替えられますか?

➤ ワードパッドを起動できますか?

➤ 英字を入力できますか?

➤ ひらがなを入力できますか?

➤ 漢字を入力できますか?

この章でやること

 この章では、キーボードから文字を入力する方法を学びます。
文字入力の練習のために、ワードパッドを使います。

この章でやること

パソコンでは**キーボード**を使って文字を**入力**します。

この章では、キーボードから文字を入力する方法を解説します。

文字入力の練習のために、**ワードパッド**という、

パソコンに標準で入っているアプリを使います。

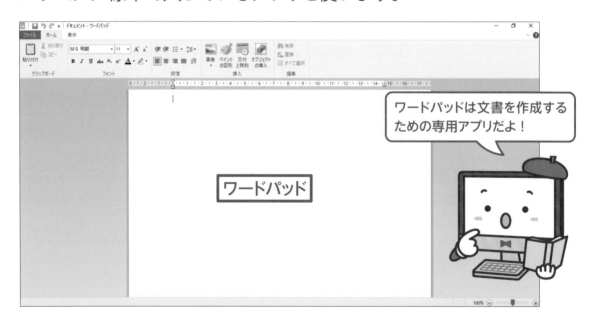

ワードパッド

ワードパッドは文書を作成する
ための専用アプリだよ！

この章の流れ

この章では次の操作を学びます。

キーボードを知ろう

> パソコンで文字を入力するには、キーボードを使います。
> 最初に、キーボードにどのようなキーがあるのかを確認しましょう。

キーの配列

● デスクトップパソコン

❶ 文字キー

❷ 半角／全角キー　❺ ファンクションキー　❽ バックスペースキー

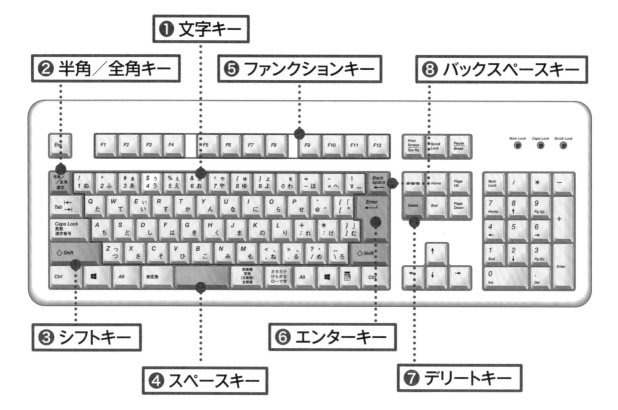

❸ シフトキー　❹ スペースキー　❻ エンターキー　❼ デリートキー

● ノートパソコン

❶ 文字キー
文字を入力するキーです。入力できる文字が、表面に書かれています。

❷ 半角／全角キー
日本語入力と英語入力を切り替えます。

❸ シフトキー
文字キーの左上の文字を入力するときは、このキーを使います。

❹ スペースキー
ひらがなを漢字に変換したり、空白を入れたりするときに使います。

❺ ファンクションキー
それぞれのキーに、アプリ(ソフト)ごとによく使う機能が登録されています。

❻ エンターキー
変換した文字を決定したり、改行したりするときに使います。

❼ デリートキー
文字カーソルの右側の文字を消すときに使います。

❽ バックスペースキー
文字カーソルの左側の文字を消すときに使います。

日本語入力のしくみを知ろう

→ 日本語を入力するために必要な入力モードアイコンを理解しましょう。
英語と日本語の入力を切り替えることができます。

入力モードアイコンを知ろう

パソコンで文字を入力する際には、**入力モードアイコン**を切り替える
ことにより、**日本語入力と英語入力**を切り替えられます。

入力モードアイコンは、文字を入力する際に画面の右下に
表示されます。

入力する文字により、A だったり あ だったりします。

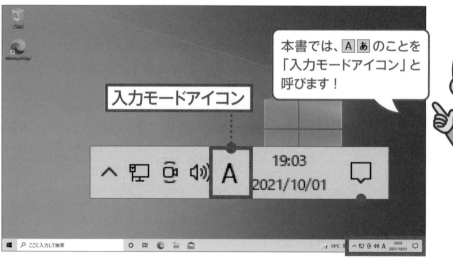

入力モードアイコン

本書では、Aあ のことを
「入力モードアイコン」と
呼びます！

入力モードを知ろう

入力モードアイコンの **あ** は、**日本語入力モード**です。

入力モードアイコンの **A** は、**英語入力モード**です。

● 日本語入力モードへの切り替え

入力モードアイコンが **A** のときに

キーボードの 半角/全角漢字 キーを押すと、**あ** に切り替わります。

● 英語入力モードへの切り替え

入力モードアイコンが **あ** のときに

キーボードの 半角/全角漢字 キーを押すと、**A** に切り替わります。

半角/全角漢字 キーを押すと、**入力モードアイコン**が切り替わります。

あ ← 半角/全角漢字 → A

| 日本語入力モード | | 英語入力モード |

日本語入力モードには、ローマ字で入力する**ローマ字入力**と、
ひらがなで入力する**かな入力**の2つの方法があります。
本書では、**ローマ字入力を使った方法**を解説します。
ローマ字入力とかな入力を切り替える方法は、
次のページで解説しています。

● ローマ字入力

ローマ字入力は、アルファベットのローマ字読みで日本語を入力します。かなとローマ字を対応させた表を、この本の裏表紙に掲載しています。

● かな入力

かな入力は、キーボードに書かれているひらがなのとおりに日本語を入力します。かな入力で文字を入力する方法は、244ページで解説します。

入力方法を切り替えよう

ローマ字入力と**かな入力**を切り替えるには、

入力モードアイコンを  **右クリック**します。

右クリック

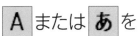 **A** または **あ** を

 **右クリック**します。

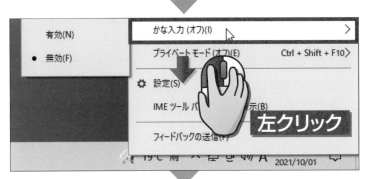

左クリック

表示されたメニューから

かな入力 (オフ)(I) を

左クリックします。

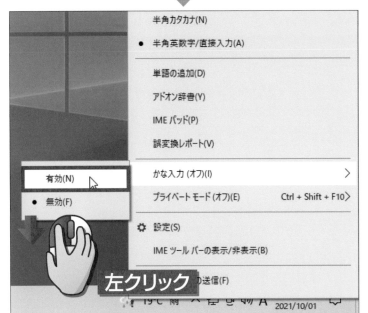

左クリック

ローマ字入力の場合、

無効(F) を

左クリックします。

かな入力の場合、

有効(N) を

左クリックします。

ワードパッドを準備しよう

文字入力を練習するために、ワードパッドというアプリを準備しましょう。
ワードパッドは、パソコンに最初から入っています。

操作　⬇🖱️ 左クリック ▶P.017　🖱️⬇ 右クリック ▶P.017　🔄🖱️ 回転 ▶P.014

1 スタートメニューを表示します

10ページの方法でパソコンを起動し、
24ページの方法でスタートメニューを表示します。

2 スタートメニューの下の方を表示します

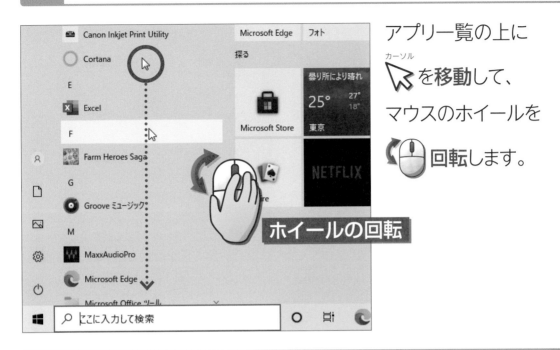

アプリ一覧の上に

カーソル
😺 を**移動**して、

マウスのホイールを

🖱️**回転**します。

ホイールの回転

3 Windowsアクセサリを左クリックします

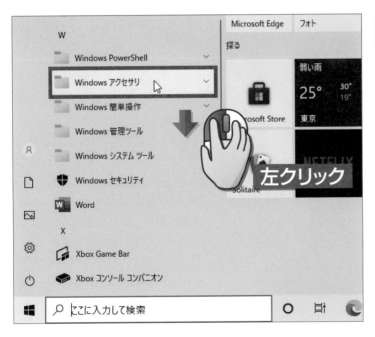

左クリック

📁 Windows アクセサリ　に

カーソル
😺 を**移動**して、

🖱️**左クリック**します。

次へ

4 Windowsアクセサリの下の方を表示します

そのまま
マウスのホイールを

回転します。

5 ワードパッドをすぐに起動できるようにします

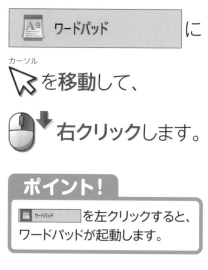

ワードパッド に

カーソル
を移動して、

右クリックします。

ポイント！

ワードパッド を左クリックすると、
ワードパッドが起動します。

6 タスクバーにピン留めします

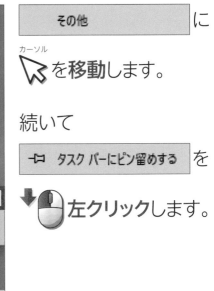

その他 に

カーソル
を移動します。

続いて

タスク バーにピン留めする を

左クリックします。

7 タスクバーにピン留めされました

ワードパッドのアイコン

タスクバーに、

ワードパッド
のアイコンが

表示されました。

スタートボタン
を

左クリックして、

操作を終了します。

ワードパッドを起動しよう

→ 40ページの操作では、ワードパッドをかんたんに起動できるようにしました。ここでは、タスクバーのアイコンからワードパッドを起動します。

操作 → 移動 ▶P.016 → 左クリック ▶P.017

1 ワードパッドのアイコンを左クリックします

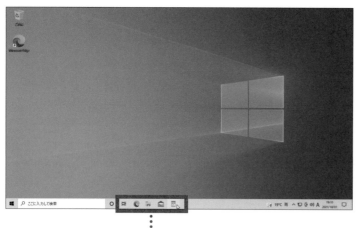

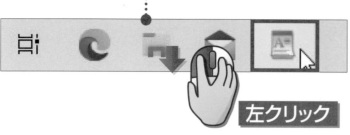

左クリック

タスクバーの

ワードパッド
に

カーソル
を移動して、

左クリックします。

タスクバーに 🖼 のアイコンが見あたらない場合は、40ページの操作を行いましょう！

2 ワードパッドが起動します

ワードパッドが
起動しました。

 を

左クリックします。

左クリック

3 ワードパッドの画面が大きくなりました

ワードパッドが画面いっぱいに大きくなりました。

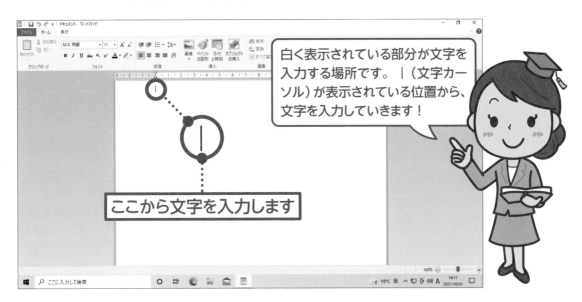

白く表示されている部分が文字を
入力する場所です。|（文字カー
ソル）が表示されている位置から、
文字を入力していきます！

ここから文字を入力します

ワードパッドを閉じよう

→ ワードパッドを使い終わったら、ワードパッドを終了します。
ワードパッドは、「閉じる」ボタンを左クリックして終了します。

操作 → 🖱 ➡ 移動 ▶P.016 🖱 ➡ 左クリック ▶P.017

1 ワードパッドを閉じます

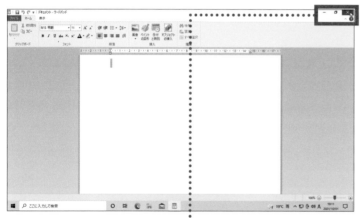

画面右上の

閉じる
× に

カーソル
🖱 を**移動**して、

⬇🖱**左クリック**します。

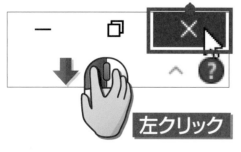
左クリック

使い終わったアプリを開いたままにしておくと、パソコンの能力が十分に発揮されません。アプリを使い終わったら、必ず終了しておきましょう!

046

2 デスクトップに戻ります

ワードパッドのウィンドウが閉じて、デスクトップが表示されます。

ワードパッドの画面を閉じると、元のデスクトップの画面が表示されます。

ワードパッドが終了した

:コラム　保存のメッセージが表示されたら

閉じる

✕ を**左クリック**したあとに、下のようなメッセージが表示されることがあります。入力した内容を保存する必要がなければ、

保存しない(N) を左クリックします。

保存の方法は、60ページで詳しく解説します。

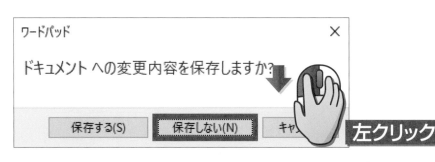

英字（アルファベット）を入力しよう

→ ワードパッドを使って、アルファベットの文字を入力します。
また、アルファベットの大文字の入力方法も知っておきましょう。

操作	

入力
▶P.034

1 入力モードを確認します

44ページの方法で、ワードパッドを開きます。

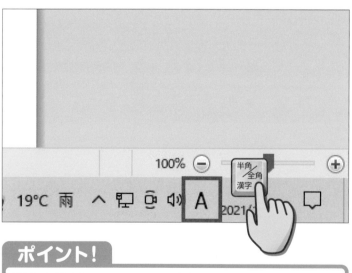

入力モードアイコンが

A になっていることを

確認します。

あ が表示されている

ときは、

半角／全角
 キーを押して、

A に切り替えます。

ポイント！

A が表示されているときは、半角のアルファベットや数字を入力できます。

2 アルファベットを入力します

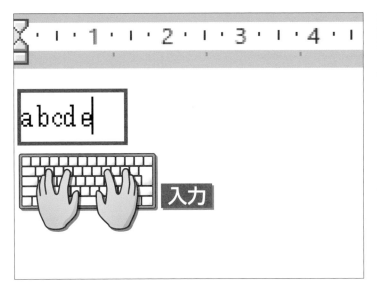

キーを押します。

「abcde」と
アルファベットが
入力できました。

3 大文字を入力します

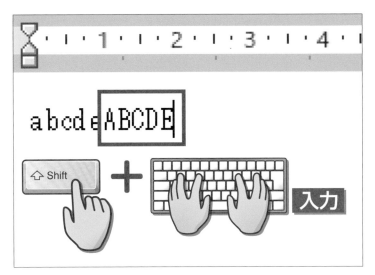

どちらかの人差し指で

シフト
⬆ Shift キーを

押したまま、
もう一方の人差し指で

キーを押します。

「ABCDE」と大文字が
入力できました。

ポイント！

A のときに、 Shift キーを押しながら文字キーを押すと大
文字が、 Shift キーを押さないと小文字が入力されます。

ひらがなを入力しよう

→ 日本語入力モードに切り替えて、ひらがなを入力しましょう。
本書では、ローマ字入力でひらがなを入力していきます。

操作　　　　　　　入力
　　　　　　　▶P.034

1 入力モードを切り替えます

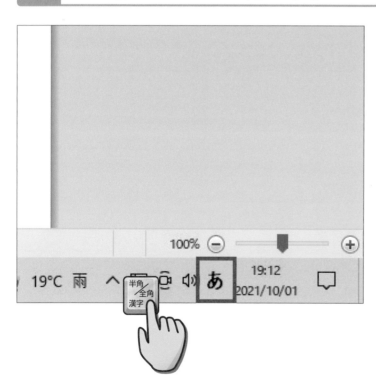

半角／全角
[半角/全角/漢字] キーを押して、

入力モードアイコンを

あ に変更します。

日本語入力モードに
切り替わります。

2 ひらがなを入力します

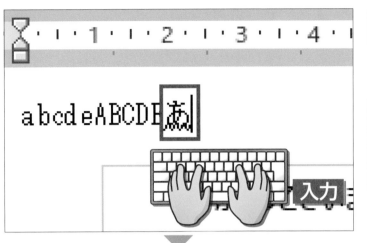

  キーを押します。

「あ」と入力されました。

ポイント！

ひらがなを入力すると、下線が
つきます。これは文字の入力が
終わっていない状態です。

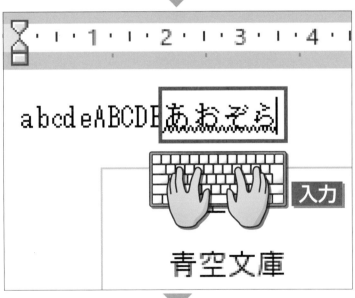

続けて

キーを押します。

「あおぞら」と

入力されました。

ポイント！

文字の入力中に、自動的に入
力候補の一覧が表示されること
があります。

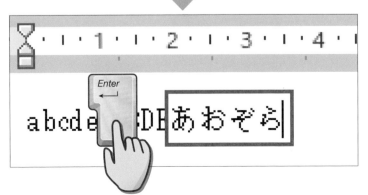

 キーを押します。

下線がなくなり、

ひらがなを

入力できました。

カタカナを
入力しよう

→ ひらがなの次は、カタカナを入力します。
最初にひらがなを入力して、そのあとでカタカナに変換します。

操作 　　入力
▶P.034

1 入力モードを確認します

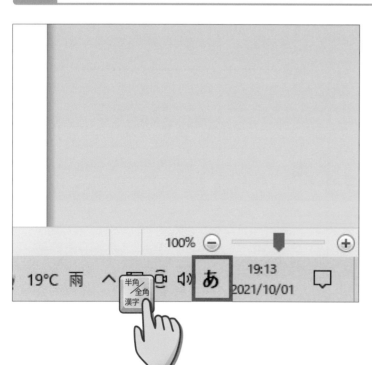

入力モードアイコンが

あ になっていることを

確認します。

ポイント!

Ａ が表示されているときは、
半角/全角漢字 キーを押してあに切り替え
ます。

2 「ぱそこん」と入力します

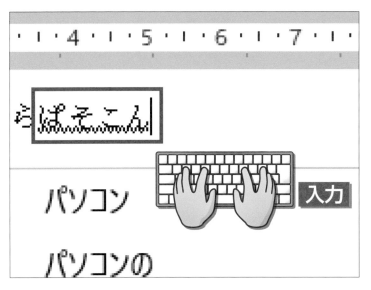

P
せ
A
ち
S
と
O
ら
K
の
O
ら
N
み
N
み
キーを
押します。

「ぱそこん」と表示され、
下線がついていることを
確認します。

3 カタカナに変換します

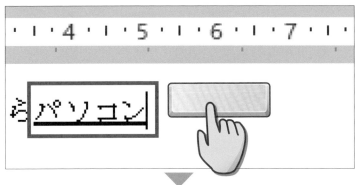

スペース

キーを
押します。
すると、「パソコン」に
変換されます。

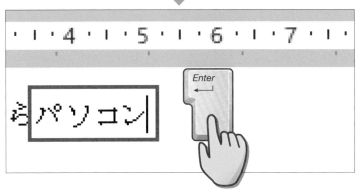

エンター
Enter
キーを押します。

下線がなくなり、
文字が入力できました。

漢字を入力しよう

→ 漢字を入力します。最初にひらがなを入力してから漢字に変換します。
一度に変換できない場合は、変換候補を表示します。

操作  入力 ▶P.034

1 入力モードを確認します

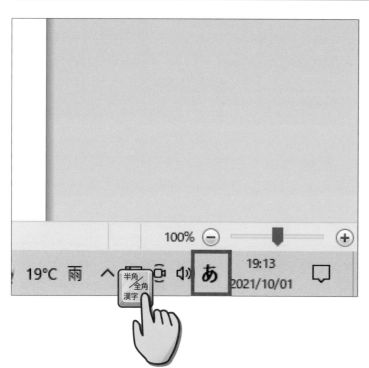

入力モードアイコンが

あ になっていることを

確認します。

ポイント!

A が表示されているときは、
[半角/全角] キーを押して **あ** に切り替え
ます。

100% ⊖ ─────■───── ⊕

19℃ 雨 ∧ 🖥 🔅 🔊 **あ** 19:13
2021/10/01 💬

半角/全角
漢字

2 「てんき」と入力します

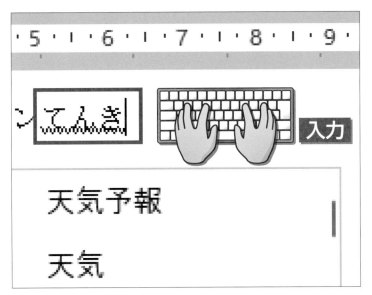

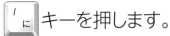 キーを押します。

「てんき」と表示され、
下線がついていることを
確認します。

ポイント！

文字の入力中に、自動的に変換候補の一覧が表示されることがあります。

3 漢字に変換します

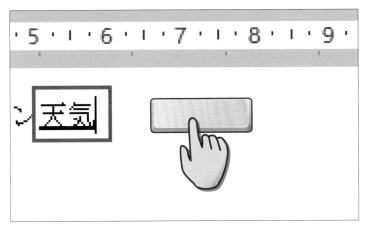

 キーを
押します。

ここでは「転記」と
変換したいのですが、
「天気」に
変換されました。

ポイント！

正しく「転記」と変換された場合は、 Enter キーを押して文字を確定します。

次へ

4 他の漢字に変換します

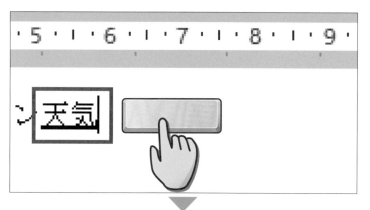

同じ読みで別の漢字に
変換する場合は、
もう一度

スペース
キーを

押します。

別の変換候補が
表示されます。

```
おぞらパソコン転機
  1  天気
  2  転機    ▢
  3  転記    ▢
  4  転帰
```

何度か

スペース
キーを

押して、目的の文字
（ここでは「転記」）に
青い帯を移動します。

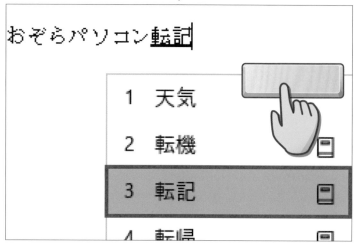

5 文字を確定します

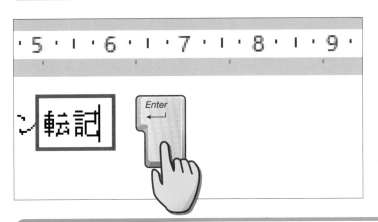

エンター

キーを押します。

下線がなくなり、
文字が確定します。

:コラム　言葉の意味が表示される

手順**4**のように　　　　　　　　キーを押して漢字の変換候補を
（スペース）
表示した場合、右側に辞書のアイコンのある候補に青い帯を
移動すると、その言葉の意味が表示されます。

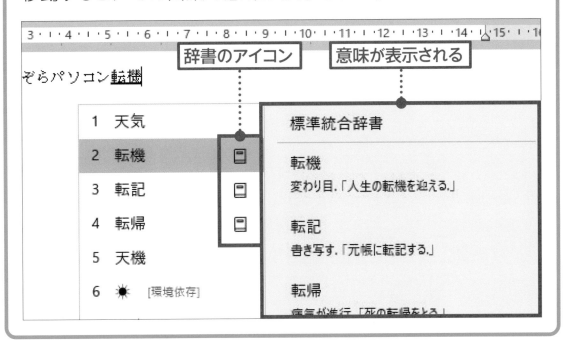

小さな「っ」を入力しよう

→ 「きって」や「マット」のような小さな「っ」を入力します。
ここでは、小さな「っ」を単独で入力する方法を覚えましょう。

操作  入力
▶P.034

---

1 入力モードを確認します

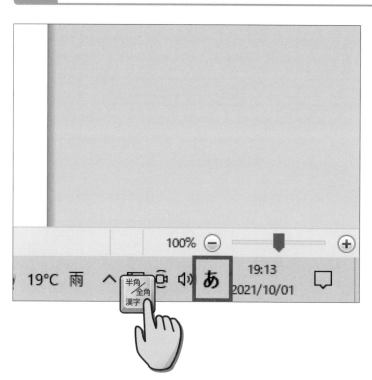

入力モードアイコンが

あ になっていることを

確認します。

ポイント！

A が表示されているときは、
半角/全角 キーを押して あ に切り替え
ます。

2 小さな「っ」を入力します

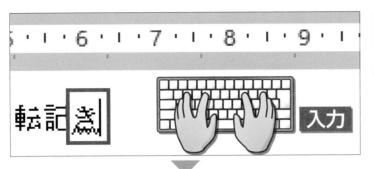

 キーを押します。

「き」と表示されます。

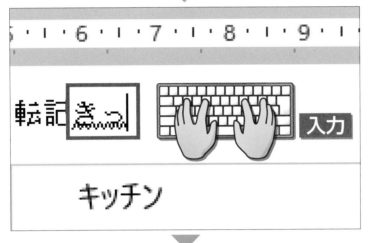

キッチン

続けて、

 キーを押します。

「っ」と表示されます。

ポイント！

先頭の「L」は、「Little」(小さい)の頭文字です。

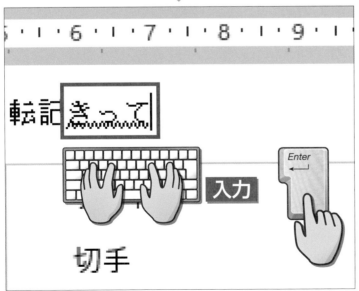

切手

続けて、

 キーを押します。

「て」と表示されます。

 キーを押して、

文字を確定します。

ファイルを保存しよう

→ パソコンで作成したデータを、ファイルとして保存しましょう。
ここでは、ワードパッドを使ってファイルの保存を行います。

操作 ➡ 移動 ▶P.016 左クリック ▶P.017 入力 ▶P.034

1 ファイルを保存する画面を開きます

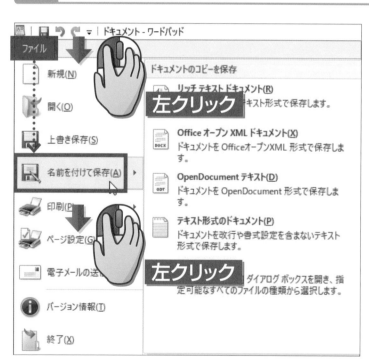

ファイル に

 を移動して、

左クリックします。

続けて、

 名前を付けて保存(A) に

 を移動して、

左クリックします。

2 ファイルの保存先を指定します

ファイルを保存する画面が表示されます。

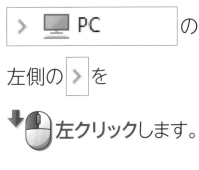
の左側の 〉 を

⬇🖱左クリックします。

ポイント！

〉 🖥 PC が見つからない場合
は、マウスホイールを回転して
探します。

3 ドキュメントを選びます

📄 ドキュメント に

カーソル
📐を移動して、

⬇🖱左クリックします。

ドキュメントは文書を
保存する場所です！

〉〉〉 次へ

4 ファイル名を入力します

ファイル名(N): の右側に、ファイルにつけたい名前（ここでは「記録」）を入力します。

5 保存が完了します

保存(S) を

左クリックします。

「記録」というファイルを保存できました。

46ページの方法で、ワードパッドを終了します。

3 作成した文書を編集しよう

この章で学ぶこと

➤ 保存したファイルを開けますか?

➤ 改行できますか?

➤ 文字を削除できますか?

➤ 文字を追加できますか?

➤ 文字をコピーできますか?

この章でやること

→ この章では、第2章で作成した文書を編集します。
改行や文字の削除、追加などの便利な機能を解説します。

この章でやること

パソコンで作成した文書は手書きの文書と異なり、
あとから**自由に修正**することができます。
あとから修正することを、パソコンでは**編集**と呼びます。
また、**コピー**という機能を使うと、一度入力した文字を
かんたんに再利用できます。

昨日の天気は晴れでした。

➡

文字を修正した　　　　改行した

今日の天気は雨でした。↵
昨日の天気は晴れでした。

文字をコピーした

この章の流れ

この章では次の操作を学びます。

パソコンを使った文字の修正は、手書きと違って消しゴムもいらないので、キレイにできて便利だね！

コピーを使えば、同じ文章を何度も再利用できて便利ですよ！

保存したファイルを開こう

60ページで保存したファイルの内容を、画面に表示します。
ファイルの内容を表示することを、ファイルを開くといいます。

操作  移動 ▶P.016 左クリック ▶P.017

1 ファイルを開く準備をします　その1

左クリック

44ページの方法で、
ワードパッドを開きます。

 に

カーソル
を移動して、

左クリックします。

2 ファイルを開く準備をします　その2

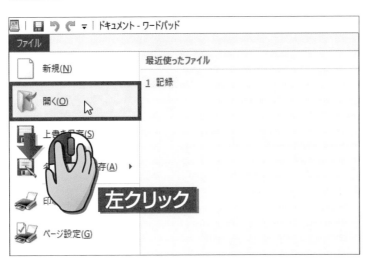

に

カーソル
を移動して、

左クリックします。

3 ファイルの保存先を指定します

ファイルを開く画面が表示されました。

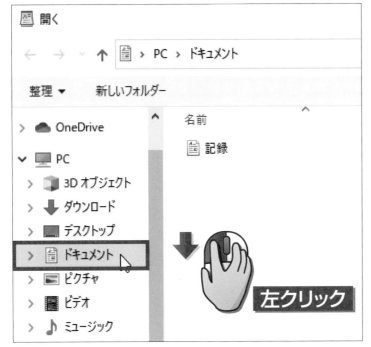

61ページの方法で、

の

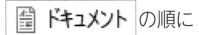の順に

左クリックします。

ポイント！

ドキュメント がすでに表示されて
いる場合は、そのまま左クリッ
クします。

次へ

4 ファイルを指定します

 を

 左クリックします。

この記録という名前の
ファイルは、60ページで
保存したファイルです！

5 ファイルを開きます

 に

カーソル

を移動して、

 左クリックします。

6 ファイルが開きました

「記録」ファイルが開きました。

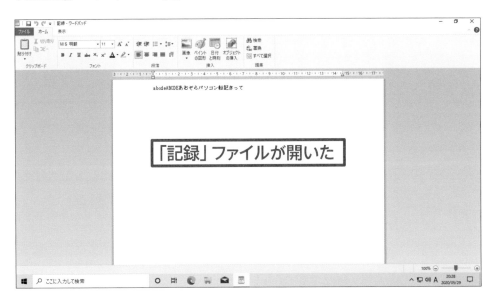

:コラム　保存したファイルは何度でも使える

作成した文書は、**保存**の作業を行って**ファイル**という形にします。
文書の内容を**編集**したり、印刷したりする場合は、そのファイル
を**開きます**。
ファイルとして保存しておくと、文書を**何度でも利用**できます。

| 新規作成 | 保存 | 開く&編集 |

次の行に改行しよう

次の行の先頭に文字カーソルを移動することを、改行といいます。
改行は、新しい行に文字を入力するときに使います。

1 文字カーソルを移動します

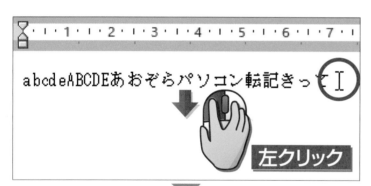

改行したい場所
（ここでは「て」の右）に

カーソル
Ｉ を移動して、

左クリックします。

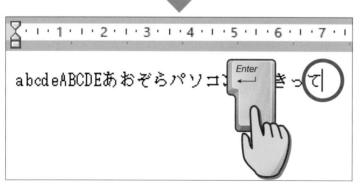

改行したい場所で

文字カーソル
｜ が点滅したら、

エンター
Enter キーを押します。

2 次の行に改行します

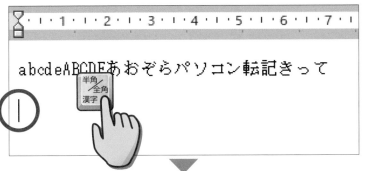

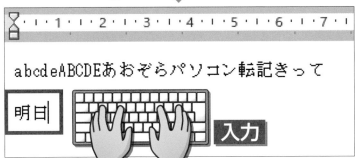
明日 入力

文字カーソル
| が次の行に
移動します。
改行できました。

半角／全角
キーを押して、

あ に切り替えます。

「明日」という文字を

入力します。

コラム Enter (エンター) キーの2つの役割

エンター
Enter

キーには、次の2つの役割があります。

❶ 文字に**下線**がついているときに

エンター
Enter
キーを押すと、

文字を**確定**できます。

 ▶

❷ 文字が確定しているときに

エンター
Enter
キーを押すと、**改行**されます。

文字を削除しよう

→ ここでは、入力した文字を修正する方法を解説します。
最初に、間違えて入力した文字を削除してみましょう。

操作　移動　▶P.016　左クリック　▶P.017

1　文字カーソルを移動します

ここでは、「ABCDE」の5文字を削除します。

削除したい文字
（ここでは「A」）の左側に

カーソル
Ｉ を移動して、

左クリックします。

文字カーソル
｜ が

「A」の左側に
移動しました。

2 文字を削除します

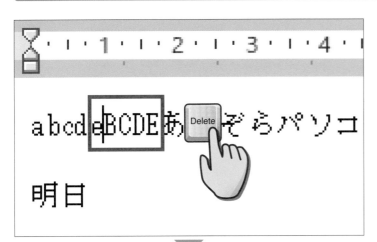

 キーを押します。

「A」の文字が消えます。

ポイント!

Delete キーを押すと、文字カーソルの右側の文字が消えます。

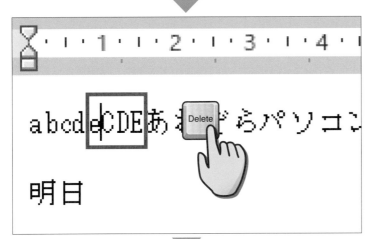

もう一度、

Delete キーを押します。

「B」の文字が消えました。

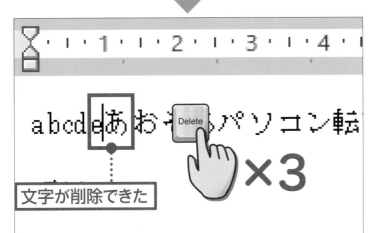

文字が削除できた

×3

あと3回

Delete キーを押します。

「ABCDE」の文字が
すべて消えました。

文字を追加しよう

ここでは、入力した文字を修正する方法を解説します。
あとから文字を追加する操作をしてみましょう。

| 操作 | 移動 ▶P.016 | 左クリック ▶P.017 | 入力 ▶P.034 |

1 文字カーソルを移動します

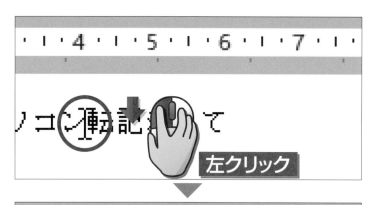

左クリック

文字を追加したい場所
（ここでは「転」）の左側に
_{カーソル}
I を移動して、

左クリックします。

_{文字カーソル}
| が
「転」の左側に
移動しました。

2 文字を追加します

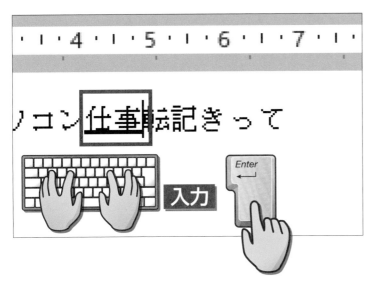

「仕事」と

入力します。

エンター
Enter
キーを押します。

ポイント!

A が表示されているときは、
半角/全角 キーを押して あ に切り替え
ます。

3 文字が追加できました

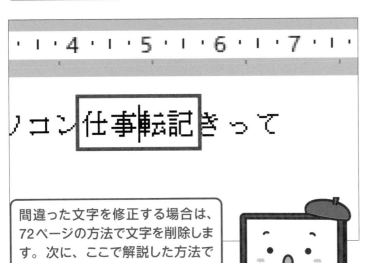

間違った文字を修正する場合は、
72ページの方法で文字を削除しま
す。次に、ここで解説した方法で
文字を追加します！

「転記」の前に
「仕事」の文字を
追加できました。

ポイント!

入力した文字は、|（文字カー
ソル）の左側に追加されます。

文字をコピーして貼り付けよう

入力した文字は、コピーして別の場所に貼り付けられます。
ここでは、「パソコン」の文字をコピーして2行目の最後に貼り付けます。

操作 → → 移動 ▶P.016 左クリック ▶P.017 ドラッグ ▶P.019

1 文字を選択します

左クリック

コピーする文字
（ここでは「パソコン」）
の左側を

左クリックします。

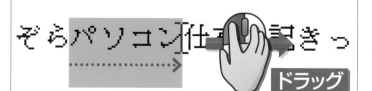

ドラッグ

左ボタンを押したまま、
コピーする文字を
なぞるように

ドラッグします。

2 文字が選択できました

文字が選択できました。

ポイント！

正しく選択できなかったときは、別の場所を左クリックし、最初からやり直しましょう。

文字の上をドラッグすると、その文字が青くなって選択された状態になるよ！

3 文字をコピーします

左クリック

📄 コピー に

カーソル

🔍 を移動して、

⬇️🖱️ 左クリックします。

これで文字の
コピーができました。

≫≫ 次へ

4 文字の貼り付け先を指定します

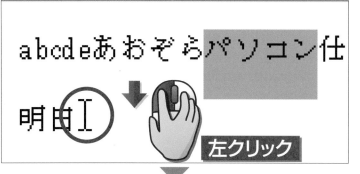

文字を貼り付ける場所
（ここでは「日」）の右側に

_{カーソル}
 を**移動**して、

左クリックします。

文字を
貼り付ける場所に
_{文字カーソル}
｜ が
表示されました。

5 文字を貼り付けます

 に

_{カーソル}
を**移動**して、

左クリックします。

6 文字が貼り付けられました

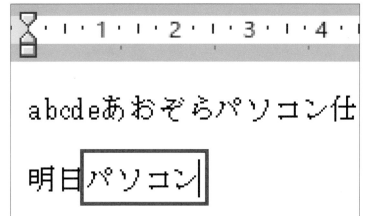

コピーしておいた文字
（「パソコン」）が、
指定した場所に
貼り付けられました。

文字を**コピー**すると、**クリップボード**という保管場所に、
一時的に文字が保存されます。**貼り付け**の操作をすると、
クリップボードに保存されている文字が貼り付けられます。

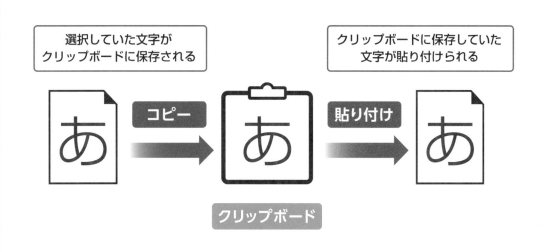

選択していた文字が
クリップボードに保存される

クリップボードに保存していた
文字が貼り付けられる

コピー　貼り付け

クリップボード

ファイルを 上書き保存しよう

→ 修正を行ったファイルの内容を保存し直します。
同じ名前で同じ場所に保存し直すことを、上書き保存といいます。

操作 → 移動 ▶P.016 ↓ 左クリック ▶P.017

1 ファイルを上書き保存します

上書き保存

に

カーソル

を移動して、

↓ 左クリックします。

「記録」ファイルが最新
の内容で保存されます。

46ページの方法で、
ワードパッドを終了します。

第**4**章

インターネットを始めよう

この章で学ぶこと

➤ ブラウザーの画面の名称がわかりますか?

➤ ホームページを表示できますか?

➤ 「お気に入り」を登録できますか?

➤ ホームページを検索できますか?

➤ ホームページを印刷できますか?

この章でやること

→ この章では、ブラウザーというアプリを使ってインターネットを見てみましょう。ブラウザーの使い方をマスターして、ホームページを楽しみましょう。

この章でやること

パソコンでは、行いたいことにあわせて使うアプリを変更します。

インターネットで**ホームページ**を閲覧するには、

ブラウザーというアプリを利用します。

ブラウザーの基本操作を学びましょう。

パソコン　　ブラウザー　　インターネット

ホームページ

インターネットでホームページを
見るためにブラウザーというアプ
リを利用します！

この章の流れ

この章では次の操作を学びます。

この章で学習する「ブラウザー」を使いこなすことが、インターネットを楽しむコツだよ！

あらかじめプロバイダーと契約して、インターネットに接続できるようにしておきましょう！

ブラウザーを起動しよう

➔ ホームページは、ブラウザーというアプリを使って閲覧します。
ブラウザーを起動して、インターネットを始めましょう。

操作 移動 ▶P.016 　左クリック ▶P.017

1 ブラウザーを起動します

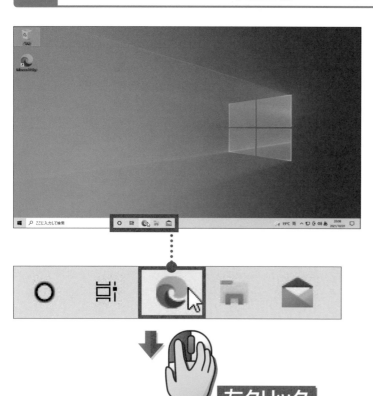

 に

カーソル

を移動して、

左クリックします。

ポイント！

以下の画面が表示されたら、
ダウンロード Windows 10用 を左クリックし、画面の
指示に従って新しいブラウザー
をダウンロードしましょう。

新しい Microsoft Edge をご紹介します。

ダウンロード Windows 10用

左クリック

2 ブラウザーが起動しました

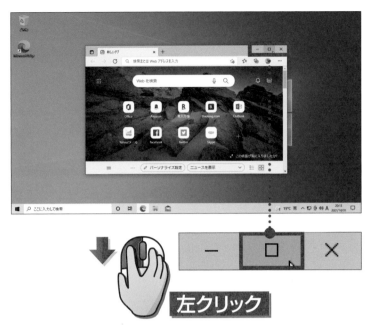

ブラウザーが
起動しました。

 を

左クリックします。

左クリック

ポイント！

ブラウザーを起動して最初に表示される画面は、パソコンによって違います。

3 ブラウザーが大きく表示されました

ブラウザーの画面が、大きく表示されました。

ブラウザーの画面を知ろう

→ 最初に、ブラウザーの画面を見てみましょう。
ホームページを見るために必要な、各部の名称と役割を確認します。

ブラウザーの画面

ブラウザーの画面は、次のようになっています。

❼ タブ ❶ アドレスバー ❹「このページをお気に入りに追加」ボタン

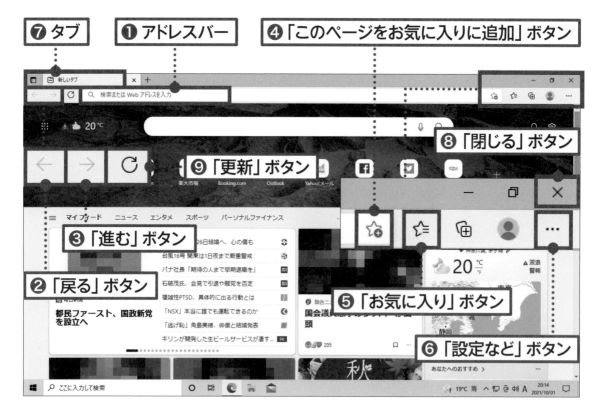

❽「閉じる」ボタン
❾「更新」ボタン
❸「進む」ボタン
❷「戻る」ボタン
❺「お気に入り」ボタン
❻「設定など」ボタン

各部の役割

❶ アドレスバー
ホームページのアドレスが表示されます。ホームページを検索するときにも使います。

❷「戻る」／❸「進む」ボタン
直前のホームページを表示したり、元のホームページに戻したりします。

❹「このページをお気に入りに追加」ボタン
ホームページをお気に入りに登録するときに使います。

❺「お気に入り」ボタン
お気に入りに登録したホームページを表示するときなどに使います。

❻「設定など」ボタン
ホームページを印刷するときなどに使います。

❼ タブ
複数のホームページを切り替えるときに使います。

❽「閉じる」ボタン
ブラウザーを終了します。

❾「更新」ボタン
表示しているホームページを最新の内容に更新するときに使います。

次のページから、ここで解説したボタンを使って操作していくよ！

ホームページを表示しよう

ホームページには、それぞれにアドレス（住所）があります。
アドレスを指定して、ホームページを表示しましょう。

操作	移動 ▶P.016	左クリック ▶P.017	入力 ▶P.034

1 アドレスを入力する準備をします

アドレスバー
に

カーソル
I を**移動**して、

左クリックします。

2 入力モードを確認します

入力モードアイコンが

A になっていることを

確認します。

ポイント!

あ が表示されているときは、
半角/全角 キーを押して A に切り替
えます。

19℃ 雨 ∧ 📺 🖥 ◁๑ **A** 20:15 2021/10/01 🗨

3 アドレスを入力します

「www.yahoo.co.jp」と

入力します。

ポイント!

ここでは、Yahoo!（ヤフー）の
ホームページを表示します。

「.」の文字は ⌨ （る）のキーを
押して入力します。

次へ

4 アドレスを決定します

アドレスを
入力できたら、

 キーを押します。

:コラム アドレスバーに英字が表示されているときは

ブラウザーの使用状況によっては、アドレスバーに最初から英字が
表示されていることもあります。その場合は、次の操作を行います。

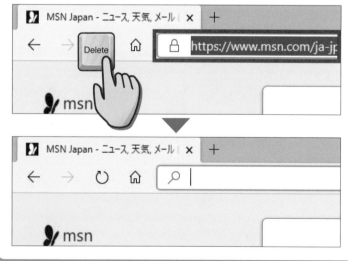

手順 1 の操作を行い、
文字が青く反転したら

Delete キーを押します。

アドレスの文字が
消えます。
続いて、手順 3 の
操作を行います。

5 ホームページが表示されました

ヤフーのホームページが表示されました。

:コラム アドレスって何?

ここで入力したアドレスとは、インターネット上にある**ホームページの場所**を示す、**住所**のようなものです。

住所を間違えると投函した手紙が届かないのと同じように、アドレスを1文字でも間違えて入力すると、目的のホームページが表示されません。アドレスのことを「**URL**(Uniform Resource Locator)」と呼ぶこともあります。

ホームページの
下の方を見よう

縦に長いホームページは、下の方が隠れてしまっています。
ホームページをずらして、隠れている部分を見る方法を知りましょう。

操作 → 移動 ▶P.016 　 回転 ▶P.014

1 ホームページの下の方を表示します

ホイールの回転

ホームページの上に
カーソル
を移動して、
マウスのホイールを
回転します。

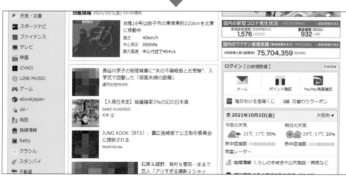

ホームページが
下にずれて、
隠れていた情報が
表示されました。

2 画面の表示を元に戻します

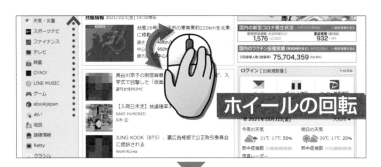

マウスのホイールを
逆方向に
回転します。

ホームページが
上にずれて、
元の画面に戻りました。

:コラム　タッチパッドでも操作できる

ノートパソコンでは、機種によって、タッチパッド上で**2本指を上
下にすべらせる**ことでマウスのホイールと同じ操作ができるもの
があります。ただし、マウスのホイールに比べて使いにくいので、
慣れないうちはマウスを使用することをおすすめします。

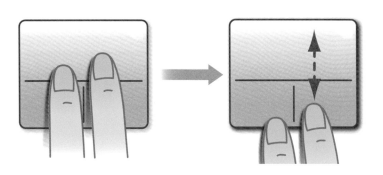

別のホームページに移動しよう

→ ホームページの中で見たい項目を左クリックすると、別のページに移動します。
興味のある項目を左クリックしてみましょう。

操作 ▶ 移動 ▶P.016 左クリック ▶P.017 回転 ▶P.014

1 見たい項目を探します

- ショッピング
- PayPayモール
- ヤフオク!
- PayPayフリマ
- ZOZOTOWN
- LOHACO
- トラベル
- 一休.com
- 一休.comレストラン
- 出前館
- ニュース
- 天気・災害
- スポーツナビ

ニュース 経済 エンタメ スポーツ

10/1(金) 19:33更新
・自民党4役 若手登用も平均64歳 NEW ♥1
・台風が関東接近 暴風大雨に警戒 ♥230
・都民ファ 国政新党を設立へ NEW ♥934
・甘利氏2016年金銭問題 寝耳に水 NEW
・やっと 眞子さま結婚発表に祝福 NEW
・栗山監督 斎藤の姿一生忘れない ♥691
・大谷翔平、本塁打王ほぼ絶望的 ♥2099
・TM再起動 小室「働かせて」 ♥2287

もっと見る トピックス一覧

台風情報 2021/10/1(金)
台風16号は銚子に移動中

天気・災害 に

カーソル ▶ を移動します。

ポイント!
ここでは、ヤフーのホームページの中にある「天気」のページに移動します。

ホームページは略してページとも呼ばれるよ!

2 見たい項目を選びます

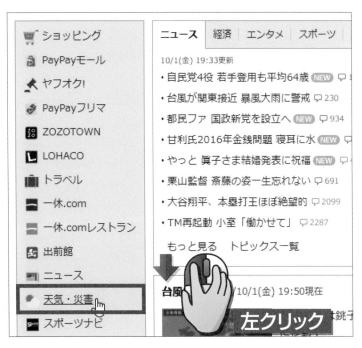

カーソル

の形が

に変わったら、

左クリックします。

3 天気のページが表示されました

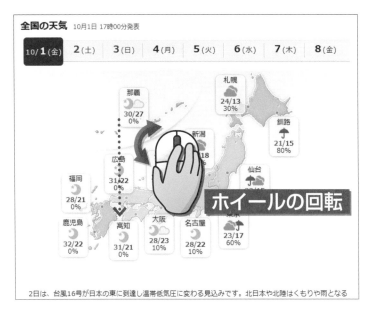

天気のページが
表示されます。

マウスのホイールを

回転します。

ページの下の方が
表示されます。

≫≫ 次へ

4 詳しく見たい項目を選びます

詳しい天気予報を
見たい地域に

^{カーソル}
を**移動**します。

^{カーソル}
の形が

に変わったら、

左クリックします。

ポイント！

ここでは、「札幌」を左クリック
しています。

5 詳しい内容が表示されました

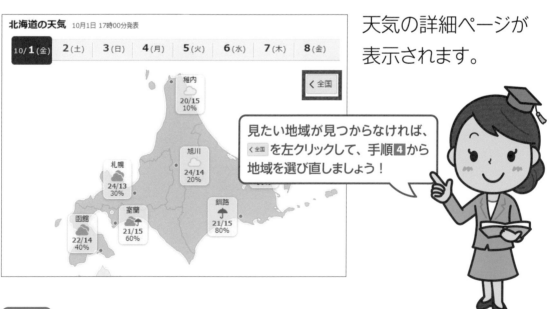

天気の詳細ページが
表示されます。

見たい地域が見つからなければ、
<全国 を左クリックして、手順**4**から
地域を選び直しましょう！

6 さらに詳しく見たい項目を選びます

県内の
詳しく見たい地域を

左クリックします。

ポイント！

ここでは、「函館」を左クリックしています。

7 さらに詳しい内容が表示されました

この画面で地域を

左クリックすると、

天気の詳細ページが
表示されます。

前に見ていたページに戻る方法は、
次のページで解説します！

前に見ていたホームページに戻ろう

➡ 直前に見ていたホームページをもう一度見たいときは、
「戻る」ボタンを左クリックして、前のページに戻ることができます。

操作 移動 ▶P.016 左クリック ▶P.017

1 ひとつ前のページに戻ります

画面の左上にある

戻る
← に

カーソル
 を移動して、

 左クリックします。

2 ひとつ前のページに戻りました

前に見ていたページに戻りました。

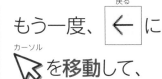
もう一度、 戻る ← に

カーソル ▷ を移動して、

🖱 左クリックします。

ポイント!
これ以上ページを戻れなくなる
と、← が ← に変わります。

3 もうひとつ前のページに戻ります

もうひとつ前に見ていたページに戻りました。

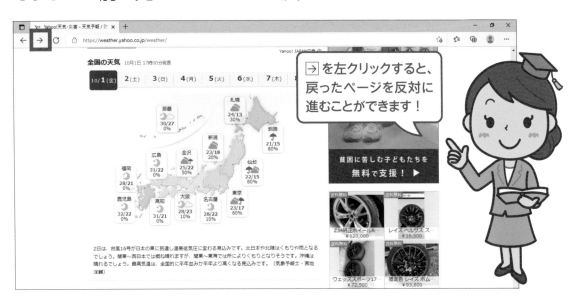

→ を左クリックすると、
戻ったページを反対に
進むことができます!

よく見るホームページを「お気に入り」に登録しよう

➔ よく見るホームページを「お気に入り」に登録しておきましょう。
毎回アドレスを入力する手間が省けて便利です。

操作　移動 ▶P.016　左クリック ▶P.017

1 登録するホームページを開きます

よく見るホームページを表示しておきます。

「お気に入り」という機能を使うと、よく見るページをかんたんに開くことができるよ！

ポイント！

ここでは、88ページの方法でヤフーのホームページを表示しています。

2 お気に入りに登録します

画面の右上にある

に

🖱を移動して、

左クリックします。

ホームページの名前が
自動で表示されます。

を

左クリックします。

これで、よく見る
ホームページを
「お気に入り」に
登録できました。

「お気に入り」のホームページを表示しよう

➔ 「お気に入り」に登録したホームページを表示してみましょう。
見たいホームページをかんたんに表示することができます。

操作 ➔ 移動 ▶P.016 ⬇ 左クリック ▶P.017

1 別のホームページを表示します

「お気に入り」に登録したホームページとは違うホームページを
表示しておきます。

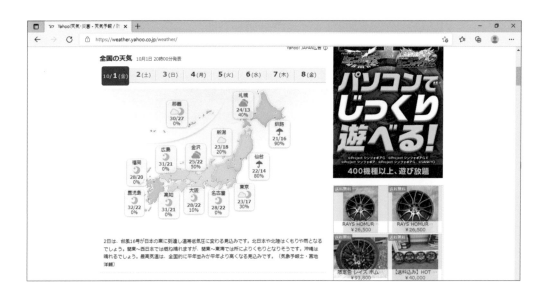

2 お気に入りのホームページを表示します

画面の右上にある

 に

 を移動して、

左クリックします。

 を

左クリックします。

「お気に入り」に
登録したホームページが
表示されました。

「お気に入り」のホームページを削除しよう

> 「お気に入り」に登録したホームページは削除することができます。
> 100ページで登録した「お気に入り」のホームページを削除します。

操作  移動 ▶P.016 左クリック ▶P.017 右クリック ▶P.017

1 お気に入りを表示します

左クリック

画面の右上にある

お気に入り

☆≡ に

カーソル

を移動して、

左クリックします。

お気に入りが増えすぎると、目的のページを探しにくくなります。削除して整理しましょう！

2 お気に入りに登録します

「お気に入り」の一覧が
表示されます。

 を

 右クリックします。

 を

 左クリックします。

「お気に入り」に
登録したホームページが
削除されました。

お気に入り
 を

左クリックします。

ホームページを検索しよう

➡ 見たいホームページのアドレスがわからないときは、
キーワードを使って検索できます。関係のあるキーワードを考えましょう。

操作 移動 ▶**P.016**  左クリック ▶**P.017** 入力 ▶**P.034**

1 キーワードを入力する準備をします

アドレスバー
に

カーソル
I を**移動**して、

左クリックします。

ポイント！

アドレスバーに表示される英字
は、ブラウザーの使用状況に
よって変化します。

2 文字を削除します

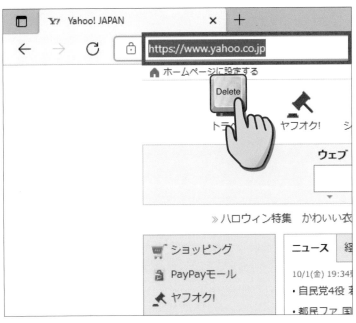

アドレスバーの文字が、青く反転します。

 キーを押して、文字を削除します。

3 キーワードを入力します

ホームページを
検索するための
キーワードを
入力します。

ポイント!

ここでは、「技術評論社」という
キーワードを使って、技術評論
社のホームページを検索します。

4 検索を実行します

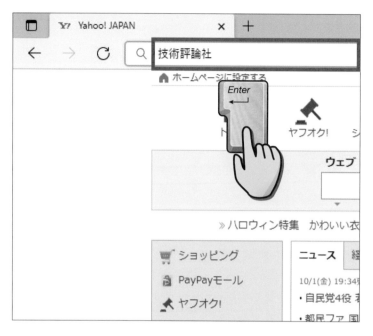

キーワードを
入力できたら、

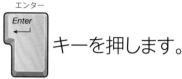

キーを押します。

5 表示したいホームページを探します

表示したい
ホームページの
タイトルを

左クリックします。

候補がたくさん表示されるので、
マウスのホイールを前後に回転
して探すといいよ！

左クリック

6 ホームページが表示されました

目的のホームページが表示されました。

ホームページが表示された

:コラム 見たいホームページが見つからないときは

検索を実行しても、見たいホームページがなかなか見つからない場合は、**複数のキーワードを組み合わせてみましょう。**
「箱根 温泉」のように、キーワードの間に

スペース

[　　　　　] キーを押して空白を入れるのがルールです。

🔍 箱根　温泉

🔍 箱根 温泉 - Bing 検索

🔍 箱根 温泉 日帰り

🔍 箱根温泉 宿泊

🔍 箱根温泉 ランキング

ホームページを印刷しよう

→ ホームページの情報を印刷して、外出先で見られるようにしましょう。
あらかじめ、パソコンにプリンターを接続し、電源を入れておきます。

| 操作 | → 移動 ▶P.016 | ↓ 左クリック ▶P.017 |

1 印刷画面を表示します

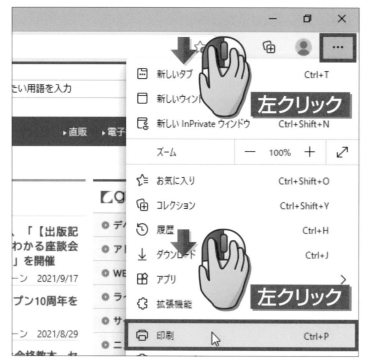

印刷したい
ホームページを
表示しておきます。

設定など
... に

カーソル
を移動して、

左クリックします。

を

左クリックします。

2 印刷を実行します

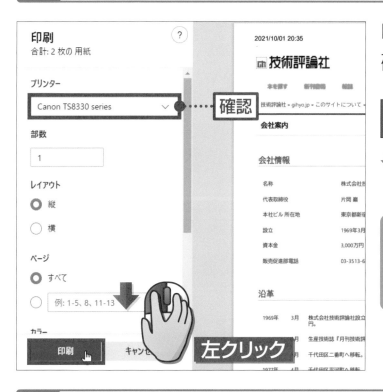

印刷するプリンターを
確認します。

 を

左クリックします。

ポイント！

プリンターの電源を入れて、用
紙がセットされていることを確
認してください。

3 印刷されました

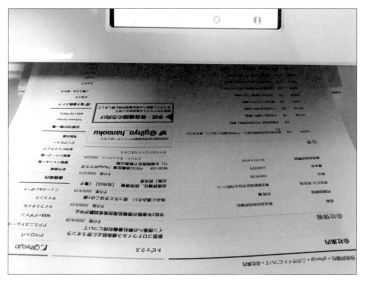

ホームページが
印刷されました。

ブラウザーを 終了しよう

ホームページを見終わったら、ブラウザーを終了しましょう。
ブラウザーを終了すると、デスクトップ画面に戻ります。

操作   ▶P.016 左クリック ▶P.017

1 ブラウザーを終了します

閉じる
×
に

カーソル
を移動して、

左クリックします。

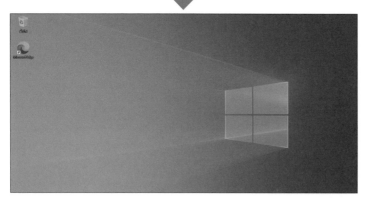

ブラウザーが終了して、
デスクトップ画面が
表示されます。

第5章

電子メールを利用しよう

この章で学ぶこと

➤「メール」アプリを起動できますか?

➤電子メールを見られますか?

➤電子メールを送信できますか?

➤電子メールを返信できますか?

➤電子メールを削除できますか?

この章でやること

→ この章では、電子メールを使ってみましょう。
電子メールにはメールというアプリを使います。

▶ この章でやること

パソコンには、**電子メール**をやりとりするための
メールというアプリが最初から用意されています。
プロバイダー（契約しているインターネットの接続業者）から受け取った
メールアドレスを使って、電子メールをやりとりしましょう。

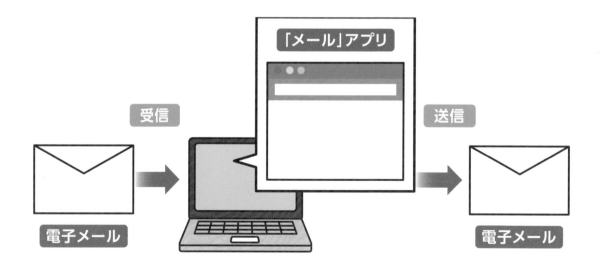

この章の流れ

この章では次の操作を学びます。

電子メールは、略して「メール」とも呼ばれるよ！　まぎらわしいけど、電子メールを扱うアプリも「メール」という名前だよ！

主にスマートフォンや携帯電話でメールを利用している人は、この章の操作はしなくてもよいですよ！

電子メールをやりとりする準備をしよう

電子メールをやりとりするには、事前に「メール」アプリの設定が必要です。
メールアドレスやパスワードなどを登録しましょう。

1 「メール」アプリを起動します

24ページの方法で、スタートメニューを表示します。

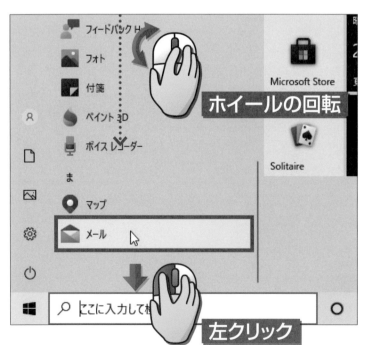

マウスのホイールを

回転します。

を

左クリックします。

ポイント！

タスクバーに 📧 のアイコンがある場合は、このアイコンを左クリックしても起動できます。

2 アカウントを追加する準備をします

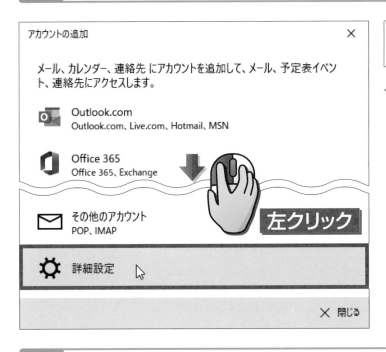

 詳細設定 を

左クリックします。

3 アカウントの種類を選択します

 インターネット メール
POP または IMAP アカウントを使用 を

左クリックします。

ポイント！

メールアドレスやパスワード、その他の情報は、プロバイダーから送付された資料に掲載されています。あらかじめ準備しておいてください。

 次へ

4 メールアドレスなどを指定します

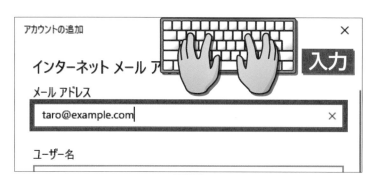

メール アドレス に、

メールアドレスを

入力します。

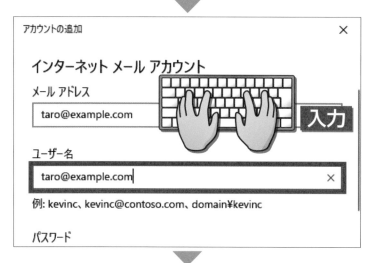

ユーザー名 に、

ユーザー名を

入力します。

ポイント！
「ユーザー名」は、プロバイダーによっては「アカウント名」と書かれていることがあります。

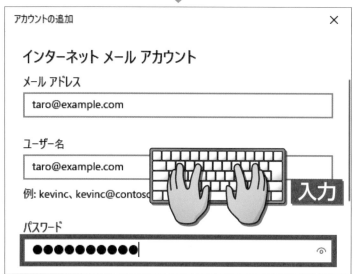

パスワード に、

パスワードを

入力します。

ポイント！
入力したパスワードは、他の人から見られないように「●●●」と表示されます。

118

5 アカウント名を指定します

マウスのホイールを

 回転して、

下の方を表示します。

アカウント名 に、

プロバイダーの名前を

入力します。

6 メールをやりとりする名前を入力します

この名前を使用してメッセージを送信 に、

自分の名前を

入力します。

 次へ

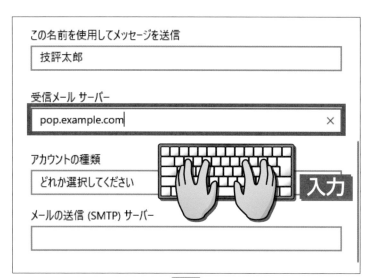

この名前を使用してメッセージを送信

技評太郎

受信メール サーバー

pop.example.com   ✕

アカウントの種類

どれか選択してください

メールの送信 (SMTP) サーバー

この名前を使用してメッセージを送信

技評太郎

受信メール サーバー

pop.example.com   ✕

左クリック

アカウントの種類

POP3   ⌄

メールの送信 (SMTP) サーバー

アカウントの種類

POP3   ⌄

メールの送信 (SMTP) サーバー

smtp.example.com   ✕

☑ 送信サーバーには、認証が

入力

マウスのホイールを

回転して、

下の方を表示します。

に、

メールの受信サーバーを

入力します。

アカウントの種類 の

どれか選択してください を

左クリックして、

アカウントの種類を

左クリックします。

メールの送信 (SMTP) サーバーに、

メールの送信サーバーを

入力します。

8 設定を完了します

☑ 送信サーバーには、認証が必要です

☑ 送信メールに同じユーザー名とパスワードを使用する

☑ 受信メールには SSL が必要

☑ 送信メールには SSL が必要

設定が

☑ になっていることを

確認します。

☑ 送信サーバーには、認証が必要です

☑ 送信メールに同じユーザー名とパスワードを使用する

☑ 受信メールには SSL が必要

☑ には SSL が必要

左クリック | ✓ サインイン | ✕ キャンセル

✓ サインイン を

左クリックします。

アカウントの追加 ✕

すべて完了しました。
アカウントは正常にセットアップされました。

✉ taro@example.com

左クリック ✓ 完了

✓ 完了 を

左クリックします。

ポイント！
「そのアカウントの情報は見つかりませんでした。メールアドレスが正しいかどうかを確認してからやり直してください。」というメッセージが表示された場合は、お使いのプロバイダーに問い合わせてみましょう。

 次へ

9 画面を大きく表示します

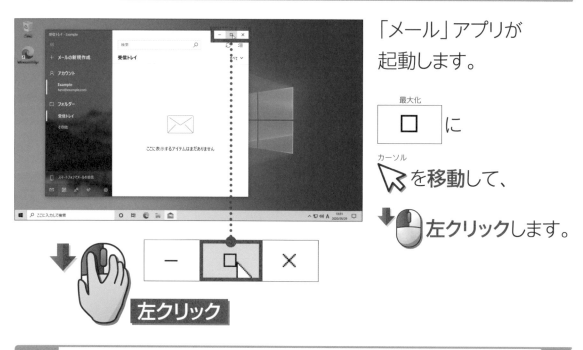

「メール」アプリが
起動します。

最大化

□ に

カーソル

を移動して、

左クリックします。

左クリック

10 画面が大きく表示されます

「メール」アプリの画面が大きく表示されました。

11 「メール」アプリの画面

「メール」アプリの画面は、次のようになっています。

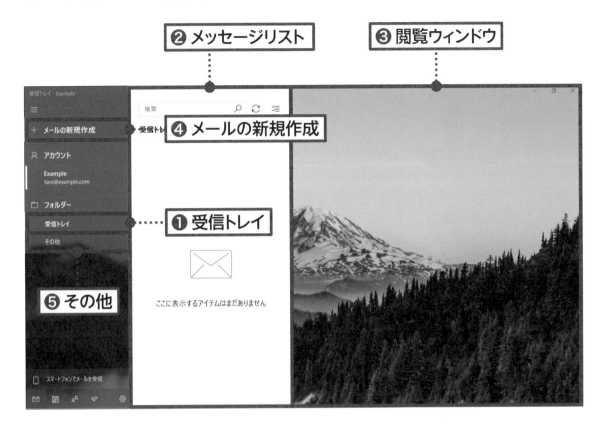

❶ 受信トレイ

受け取った電子メールがここに保管されます。

❷ メッセージリスト

受け取った電子メールの一覧が表示されます。

❸ 閲覧ウィンドウ

選択した電子メールの内容が表示されます。

❹ メールの新規作成

新しい電子メールを作成するときに使います。

❺ その他

送信した電子メールや削除した電子メールを確認するときなどに使います。

電子メールを受け取ろう

→ 「メール」アプリで、自分宛ての電子メールを受信しましょう。
ここでは、受信した電子メールの内容を見る方法を紹介します。

操作

移動 ▶P.016　　左クリック ▶P.017

1 電子メールを受信します

検索　　　　　　🔍　🔄　✓≣

受信トレイ　　　　　　　すべて ∨

左クリック

このビューを同期

🔄 を

左クリックします。

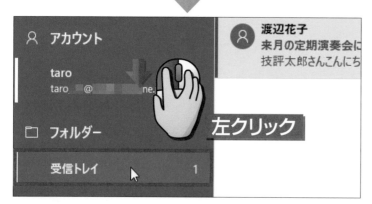

𝒜 アカウント

taro
taro＿＿＿＿ne.

☐ フォルダー

受信トレイ　　　1

渡辺花子
来月の定期演奏会に
技評太郎さんこんにち

左クリック

受信トレイ に

カーソル
 を移動して、

左クリックします。

2 受信メールを表示します

受信した
電子メールの一覧が
表示されます。

読みたい電子メールを
左クリックします。

3 電子メールが表示されます

電子メールの内容が表示されます。

電子メールの内容

第5章 ▶ 電子メールを利用しよう

電子メールを書いて送ろう

→ 「メール」アプリを利用して、新しく電子メールを作成してみましょう。
電子メールの宛先を指定して、件名と内容を入力します。

操作 移動 ▶P.016 左クリック ▶P.017  入力 ▶P.034

1 新しい電子メールを作成します

受信トレイ - taro

≡

＋ メールの新規作成

ⴗ アカウント

taro
taro___＠___ne...

☐ フォルダー

受信トレイ

その他

検索

受信トレイ

渡辺花子
来月の定期演奏会に
技評太郎さんこんにち

左クリック

＋ メールの新規作成 に

カーソル
を移動して、

左クリックします。

電子メールを書く前に、送り
先のメールアドレスを調べて
おきましょう！

2 宛先を指定する準備をします

 の右側に

を移動して、

左クリックします。

| が表示されます。

3 宛先を指定します

送信先の
メールアドレスを

入力します。

ポイント!

メールアドレスの入力の途中で宛先の候補が表示されることがあります。送りたい相手のアドレスが表示されたら、候補を左クリックします。

4 件名を入力する準備をします

 に

カーソル
を移動して、

左クリックします。

文字カーソル

| が表示されます。

5 件名を入力します

電子メールの件名を

入力します。

ポイント！

日本語入力を行うには、[半角/全角]
キーを押して[あ]に切り替えます。

6 本文を入力して送信します

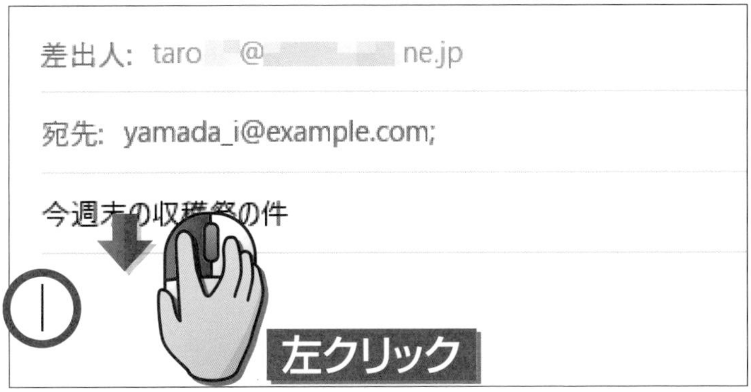

本文を書く欄を

左クリックします。

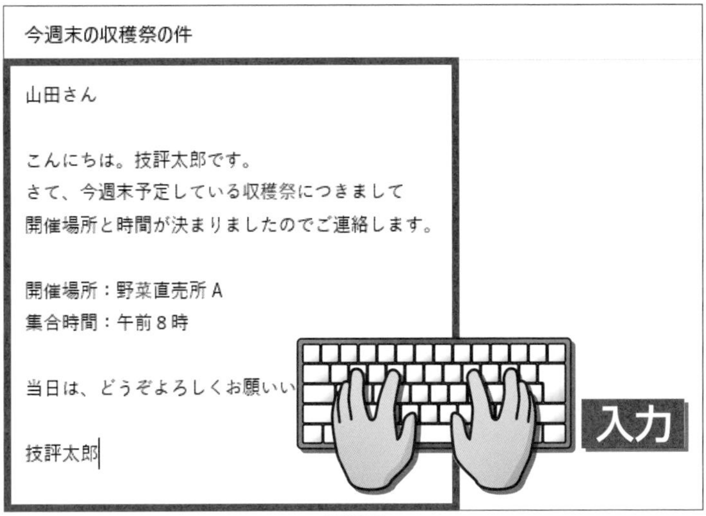

電子メールの本文を

入力します。

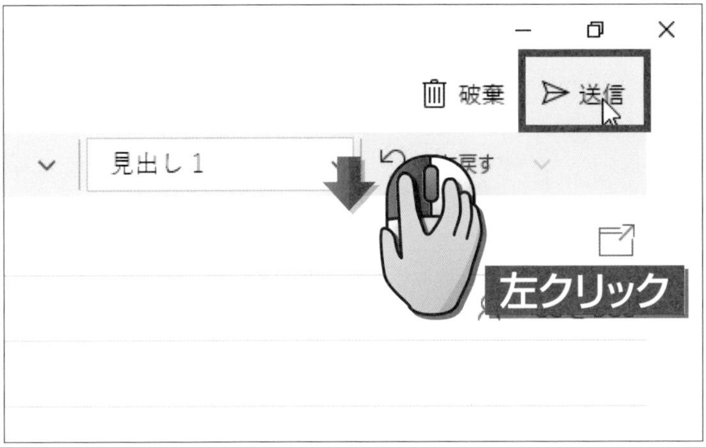

画面右上の

送信 を

左クリックします。

電子メールが
送られます。

届いた電子メールに返信しよう

受信した電子メールに、返信しましょう。
返事を書きたい電子メールを表示するところから、操作を始めます。

| 操作 | 移動 ▶P.016 | 左クリック ▶P.017 | 入力 ▶P.034 |

1 返事を書く画面を表示します

左クリック

返事を書きたい
電子メールのタイトルを
左クリックします。

左クリック

画面右上の
⤺ 返信 を
左クリックします。

2 電子メールの返事を書きます

RE: 来月の定期演奏会について

渡辺さんへ

こんにちは。技評太郎です。
定期演奏会について、ご連絡ありがとうございます。
楽しみにしています。当日よろしくお願いします。

技評太郎

Windows 10 版のメールか

差出人: 渡辺花子
送信日時: 2020 年 5 月 29 日 14:
宛先: 技評太郎 様

入力

返信画面が
表示されます。

返信する
電子メールの本文を
入力します。

ポイント！

電子メールの下部には、返信したい電子メールの元の文章が残っています。

3 電子メールを返信します

オプション

見出し 1

元に戻す

左クリック

ne.jp

CC と BCC

について

です。
ご連絡ありがとうございます。
当日よろしくお願いします。

画面右上の

▷ 送信 に

カーソル
を移動して、

左クリックします。

これで、電子メールを
返信できました。

電子メールを削除しよう

電子メールを削除する方法を知っておきましょう。
広告メールやいたずらメールなど、不要な電子メールを整理します。

操作 ━━ 移動 ▶P.016 　左クリック ▶P.017

1 受信トレイを表示します

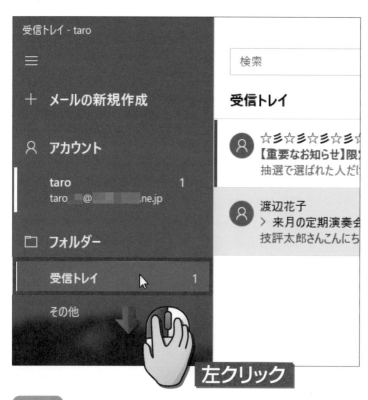

受信トレイ に

カーソル
を移動して、

左クリックします。

ポイント！

受信した電子メールは、
受信トレイ の中に保管されています。

2 電子メールを削除します

削除する電子メールの
タイトルに

カーソル
を移動します。

削除
表示される 🗑 を

左クリックします。

3 電子メールが削除されました

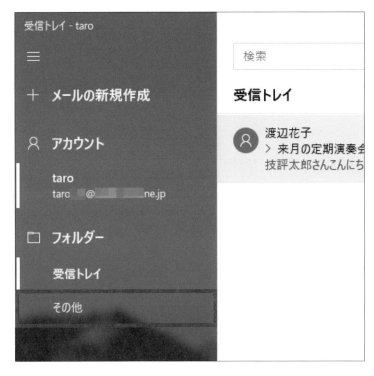

電子メールが
削除されました。

この方法で削除した電子メール
は、「その他」の中の「削除済み
アイテム」に移動します！

「メール」アプリを終了しよう

➡ 電子メールの送受信が終わったら、「メール」アプリを終了しましょう。
画面右上の ×（閉じる）を左クリックして、終了します。

操作　移動 ▶P.016　左クリック ▶P.017

1 「メール」アプリを終了します

閉じる
× に

カーソル
を移動して、

左クリックします。

「メール」アプリが
終了して、
デスクトップ画面が
表示されます。

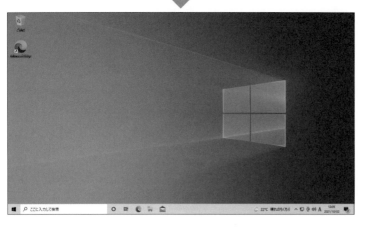

第6章

6

いろいろなアプリや
サービスを楽しもう

この章で学ぶこと

➤ パソコンで付箋を使えますか?

➤ YouTube が見られますか?

➤ 地図を表示できますか?

➤ Amazon で買物できますか?

この章でやること

この章では、ウィンドウズで付箋のアプリを使う方法や、
インターネット上のサービスを利用して、パソコンを楽しむ方法を紹介します。

 ## この章でやること

パソコンには、第4章で使ったブラウザー以外にもアプリが最初から
入っています。そのひとつである**付箋**のアプリを使ってみましょう。
また、インターネット上のサービスを利用して、
YouTubeやGoogleマップ、Amazonの楽しみ方を紹介します。

この章の流れ

この章では次の操作を学びます。

1 「付箋」アプリでメモを残す 138 ページ

2 YouTube で動画を見る 142 ページ

3 Google マップで目的地の地図を表示する 148 ページ

4 Amazon で買い物をする 154 ページ

パソコンで付箋が使える
なんて不思議ですね！

YouTubeで動画が
見てみたかったんだ！

付箋でメモを残そう

パソコンに最初から入っている付箋アプリを使ってみましょう。
覚え書きや買い物リストなどのメモをデスクトップに表示することができます。

操作 左クリック ▶P.017　 入力 ▶P.034　 回転 ▶P.014

1 アプリ一覧を表示します

スタートボタン
■ に

カーソル
 を移動して、

 左クリックします。

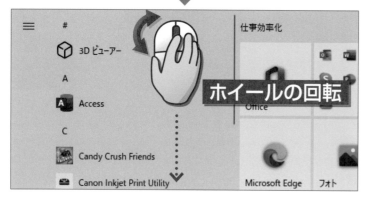

アプリ一覧の上で
マウスのホイールを

 回転します。

2 「付箋」アプリを起動します

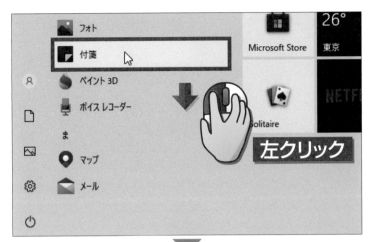

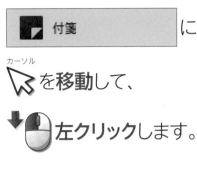 に

カーソル
を移動して、

左クリックします。

「付箋」アプリが
起動しました。

サインインの画面が
表示されたら

右上の ✕ を

左クリックします。

 次へ

3 付箋にメモを入力します

左クリック

右側の付箋の用紙に

を**移動**して、

左クリックします。

買い物リスト

入力

文字カーソル

| が表示されたら、

メモの内容を

入力します。

ポイント！

ここでは「買い物リスト」と入力
しています。

買い物リスト

11:38

左クリック

左側の画面の

× を

左クリックします。

付箋が残ります。

「付箋」アプリでできること

「付箋」アプリを使うと、以下のようなことができます。

❶ 付箋の追加

左上の ╋ を

↓🖱左クリックすると、

新しい付箋が
表示されます。

❷ 付箋の削除

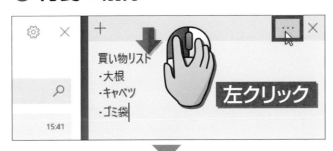

右上の ⋯ を

↓🖱左クリックします。

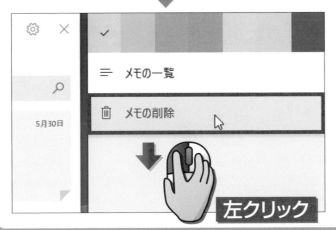

表示されたメニューから

🗑 メモの削除 を

↓🖱左クリックすると、

付箋が削除されます。

YouTubeを見てみよう

→ YouTubeは、インターネット上で閲覧できる動画サービスの名前です。世界中の人が撮影した動画を、無料で見ることができます。

| 操作 | → | 移動 ▶P.016 | ↓ | 左クリック ▶P.017 | | 入力 ▶P.034 |

1 ブラウザーを起動します

84ページの方法で、ブラウザーを起動します。

2 YouTubeのページを検索します

88ページの方法で、アドレスバーに「www.youtube.com」と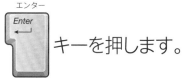入力します。

エンター
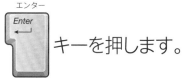 キーを押します。

ポイント!

あ が表示されているときは、半角/全角 キーを押して A に切り替えます。

3 YouTubeのページが表示されました

YouTubeのページが表示されました。

 次へ

4 キーワードで検索します

検索 に

カーソル
を移動して、

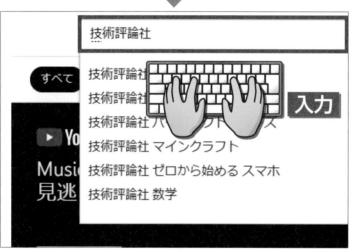

左クリックします。

見たい動画に関連する
キーワードを

入力します。

ポイント！

ここでは「技術評論社」と入力
しています。

検索
を

左クリックします。

5 検索結果が表示されます

キーワードに関連する
動画の一覧が
表示されます。

6 見たい動画を左クリックします

見たい動画の
タイトルに

カーソル

を移動して、

左クリックします。

ポイント！

ここでは「インターネットで動画を
見てみよう」を左クリックします。

7 動画が再生されます

動画が再生されます。

ポイント!

YouTubeは有料のYouTube Premiumに登録しないと広告が流れる場合があります。広告をスキップ▶ が表示されたら左クリックすると広告が終了して、見たい動画が流れます。

8 動画の再生が終了します

動画の再生が終了すると、自動的に次の動画が表示されます。

キャンセル を

 左クリックします。

ポイント!

YouTubeの最初の画面に戻って検索したい場合は、画面左上の ▶YouTube を左クリックします。

9 ブラウザーを終了します

YouTubeを
見終わったら、

閉じる
を

左クリックします。

:コラム 基本操作はホームページと同じ

YouTubeはインターネット上のホームページです。

そのため、前のページに戻ったりお気に入りに登録したりといった操作は、第4章で解説したブラウザーの操作と同じです。

Googleマップで地図を表示しよう

→ Googleマップを使うと、目的地の地図を表示できます。
都市や場所などを指定して、周辺の地図を表示してみましょう。

操作 → 移動 ▶P.016 ↓ 左クリック ▶P.017 入力 ▶P.034

1 ブラウザーを起動します

84ページの方法で、ブラウザーを起動します。

2 Googleマップのページを検索します

88ページの方法で、アドレスバーに「www.google.com/maps」と入力します。

ポイント!

「/」（スラッシュ）は ？め （め）のキーを押して入力します。

エンター
Enter
キーを押します。

3 Googleマップのページが表示されました

Googleマップのページが表示されました。

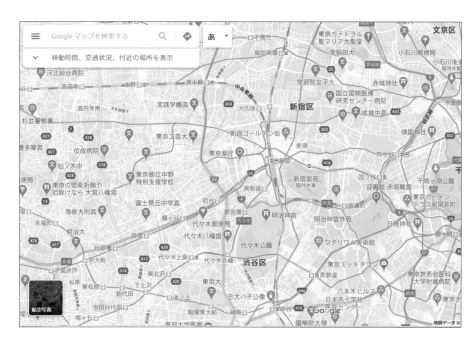

次へ

4 見たい場所を検索します

Google マップを検索する に

カーソル
を移動して、

左クリックします。

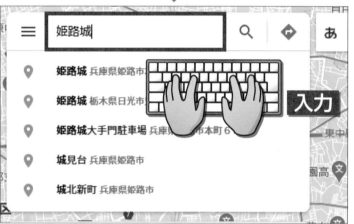

場所のキーワードを

入力します。

ポイント！

ここでは「姫路城」と入力しています。

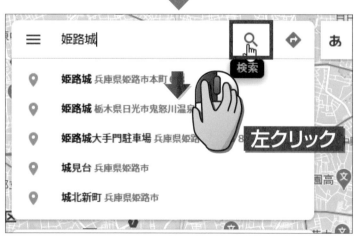

検索

を

左クリックします。

5 地図を拡大します

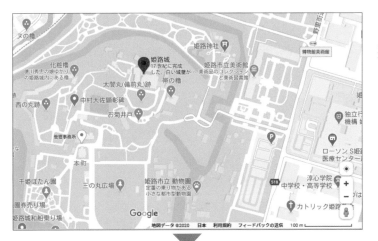

目的地周辺の地図が
表示されます。

地図の右下にある

 を

 左クリックします。

地図の表示が
拡大しました。

ポイント!

＋を左クリックするたびに地図
が拡大表示されます。

6 地図を縮小します

地図の右下にある

 を

左クリックします。

マウスのホイールを回転しても
地図が拡大／縮小するよ！

7 地図が縮小しました

地図の表示が
縮小しました。

ポイント！

□を左クリックするたびに地図
が縮小表示されます。

地図の左下にある

  を

 左クリックします。

 地図の表示が写真に
変わりました。

地図の左下にある

 を

左クリックします。

 元の表示に戻ります。

地図を見終わったら、

閉じる

 を

左クリックします。

Amazonの会員登録をしよう

→ Amazonのホームページで、インターネットショッピングができます。
買い物をする前に、会員登録の操作が必要です。

| 操作 | | 移動 ▶P.016 | | 左クリック ▶P.017 | | | 入力 ▶P.034 |

Amazonで買い物をするには

Amazonは、インターネットで買い物ができるサービスです。
最初に、以下の2つの準備をしておきましょう。

❶ 会員登録をする

Amazonを利用するには、**会員登録**をします。

❷ 支払方法を決める

買い物代金の**支払い方法**を決めます。支払い方法には

- クレジットカード
- Amazonギフト券
- コンビニあと払い

などの種類があります。本書では**Amazonギフト券**を利用します。
コンビニ等で、事前に購入しておいてください。

1 Amazonのホームページを表示します

84ページの方法で、
ブラウザーを起動します。

88ページの方法で、
アドレスバーに「www.
amazon.co.jp」と

入力します。

エンター
Enter
キーを押します。

Amazonの
ホームページが
表示されました。

 次へ

面板上部の

を

左クリックします。

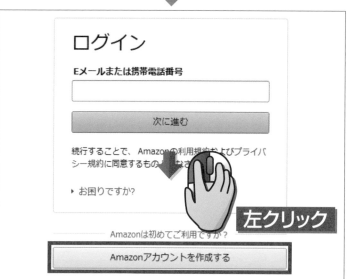

Amazonアカウントを作成する に

カーソル

を移動して、

左クリックします。

「名前」「フリガナ」
「Eメールアドレス」を

入力します。

ポイント!

「Eメールアドレス」は、スマートフォンや携帯電話で利用しているメールアドレスを入力すると便利です。

フリガナ

ギヒョウタロウ

携帯電話番号またはEメールアドレス

パスワード

・・・・・・・・・・・

i パスワードの長さは最低6文字です。

もう一度パスワードを入力してください

・・・・・・・・・・・

Eメールを検証する

ログインすることにより
シー規約に同意したと

入力

「パスワード」
「もう一度パスワードを
入力してください」を

入力します。

ポイント！

パスワードは、半角英数字で6
文字以上の長さで自由に設定
できます。

フリガナ

ギヒョウタロウ

携帯電話番号またはEメールアドレス

パスワード

・・・・・・・・・・・

i パスワードの長さは最低6文字です。

もう一度パスワードを入力してください

・・・・・・・・・・・

Eメールを検証する

ログインすることにより、当社の利用規約およびプライバ
規約に同意したとみなされます。

左クリック

 Eメールを検証する　を

左クリックします。

パスワードは盗まれないように英字の小文字、大文字、
数字できれば記号もすべて入ったものにしましょう。
また、入力したパスワードは自分だけしか見ることが
できない紙のメモに写しておいてください！

次へ

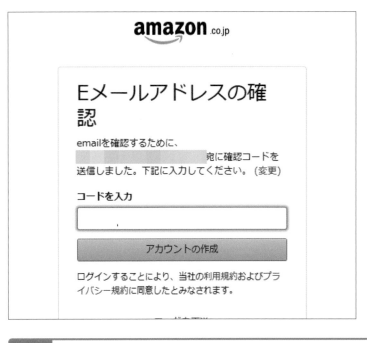

左の画面が
表示されたら、
手順2で入力した
メールアドレスの
「受信トレイ」を
確認します。

コードを入力 に、

メールで届いた
6桁のコードを

入力します。

7 アカウントを作成します

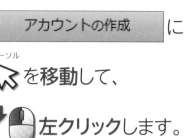 アカウントの作成 に

カーソル
を移動して、

左クリックします。

8 アカウントが作成できました

これでAmazonの
アカウントを
作成できました。

Amazonで買い物をしよう

→ インターネットで買い物をすると、外出しなくても商品が家まで届くので、とても便利です。Amazonを使ってみましょう。

操作	左クリック ▶P.017	入力 ▶P.034	回転 ▶P.014

1 買いたい商品を検索します

左クリック

すべて ▼ に

カーソル
を移動して、

左クリックします。

Amazonギフト券は商品券のようなもので、様々な金額のカードが用意されています。コンビニやスーパー、家電量販店などで購入できます！

2 商品のキーワードを入力します

買いたい商品の

キーワードを

入力します。

ポイント!

ここでは「技術評論社」と入力
しています。

3 商品を検索します

を

左クリックします。

4 買いたい商品を左クリックします

商品の一覧が
表示されます。

マウスのホイールを
回転します。

ホームページの
下の方が
表示されます。

買いたい商品を
左クリックします。

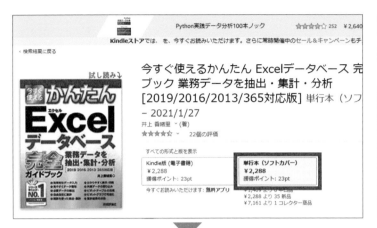

商品の詳しい情報が
表示されます。

ポイント!

「Kindle版」は電子書籍なので、
読むには専用アプリが必要で
す。紙の書籍がほしい場合は、
「単行本」をクリックして選択し
ます。

画面右側の

 に

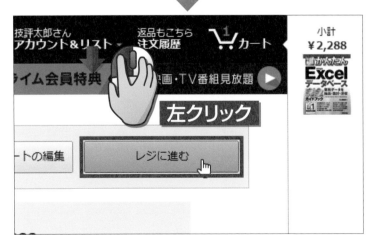

 を

左クリックします。

次へ

6 お届け先を入力します その1

お届け先住所を
指定する画面が
表示されます。

7 お届け先を入力します その2

新しい住所を追加する

国/地域

Japan

氏名

技評太郎

電話番号

03-

郵便番号（半角数字）

162

都道府県

東京都

市区町村

新宿区市谷左内町

丁目・番地・号（数字は半角数字）

21-13

マウスのホイールを

回転して、

ページの下の方を
表示します。

「氏名」や「郵便番号」
「住所」「電話番号」など、
必要な項目を

入力します。

8 住所を確定します

部屋番号（数字は半角数字）

例：123

☐ いつもこの住所に届ける

配送指示を追加

週末の配達

▸ 荷物を受け取ることができる曜日はいつですか？

 この住所を使用

 左クリック

 この住所を使用 を

左クリックします。

9 支払方法を指定します その1

お支払い方法を選択

今すぐチェック 　技評太郎さん、 入会特典をカート内の商品に利用した場...
Amazonクラシックカード

その他の支払いオプション

◯ **代金引換**
国内配送のみ。代引手数料がかかります。獲得したポイントは、支払い後に...

◯ **コンビニ・ATM・ネットバンキング・ 電子マネー払い**
代金のお支払い後に商品が発送されます。お支払いの際に必要となるお支払...
の詳細はこちら。

その他のお支払いオプション

Amazonギフト券・Amazon種類別商品券またはクーポン

▸ Amazonギフト券・Amazon種類別商品券またはクーポン

携帯決済
携帯決済がご利用いただけない場合については こちら。

支払方法の画面が
表示されます。

 次へ

10 支払方法を指定します その2

その他の支払いオプション

○ 代金引換
国内配送のみ。代引手数料がかかります。獲得したポイントは、支払い後に

○ コンビニ・ATM・ネットバンキング・電子マネー払い
代金のお支払い後に商品が発送されます。お支払いの際に必要となるお支払
の詳細はこちら。

その他のお支払いオプション

Amazonギフト券・Amazon種類別商品券またはクーポン

▸ Amazonギフト券・Amazon種類別商品券またはクーポン

携帯決済
携帯決済がご利用いただけない場合については こちら。

▸ Amazonギフト券 を

左クリックします。

ポイント!

ここでは、Amazonギフト券を
使って支払います。

左クリック

11 Amazonギフトのコードを入力します その1

Amazonギフト券・Amazon種類別商品券またはクーポン

▼ Amazonギフト券・Amazon種類別商品券またはクーポン

| コードを入力 | 適用 |

携帯決済
携帯決済がご利用いただけない場合については こちら。

▸ 新しいアカウントを追加

クレジットまたはデビットカード
Amazonでは、主要なクレジットカードおよびデビットカードをご利用いただけま

クレジットまたはデビットカードを追加

Amazonギフトコードの
入力欄が表示されます。

12 Amazonギフトのコードを入力します　その2

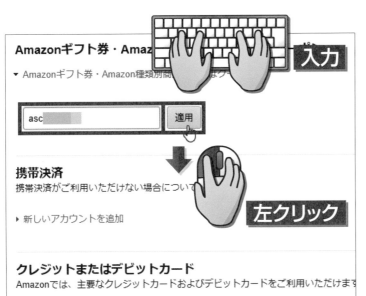

Amazonギフト券の
裏に刻印されている
コード番号を

入力します。

適用 を

左クリックします。

13 次の画面に進みます

画面右上の

続行 を

左クリックします。

 次へ

Amazonで買い物ができました

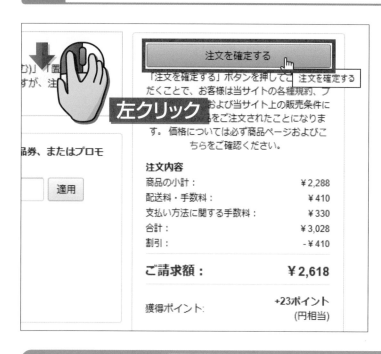

 を

左クリックします。

これで買い物が完了し、
Amazonギフト券から
料金が差し引かれます。

後日、指定した
お届け先に商品が
配送されます。

コラム　配送方法を指定するには

上図の 配送指示(置き配含む) を左クリックすると、置き配の場所を
指定できます。

置き配とは対面で商品
を受け取らない配送方
法で、玄関や宅配ボッ
クスなどを指定できま
す。

第 7 章
デジカメ写真を楽しもう

この章でやること

→ この章では、パソコンにデジカメ写真を取り込みます。
デジカメ写真をパソコンで利用しましょう。

 ## この章でやること

パソコンに**デジカメ写真を取り込む**と、いろいろな使い方ができます。
写真の**明るさを修正**したり、**プリンターで印刷**したりしましょう。

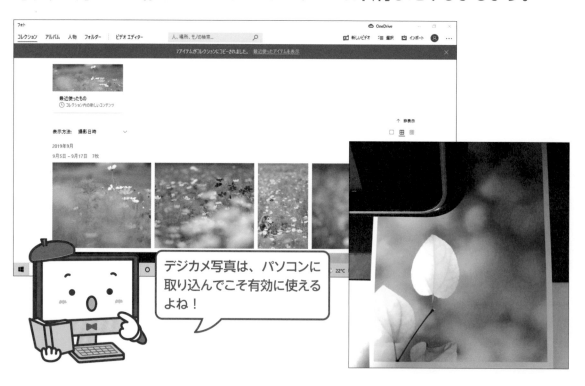

> デジカメ写真は、パソコンに取り込んでこそ有効に使えるよね！

この章の流れ

この章では次の操作を学びます。

電子メールは「メール」アプリを使ったように、デジカメ写真は「フォト」というアプリを使います！

デジカメ写真を取り込もう

→ デジタルカメラの写真を、パソコンに取り込みましょう。
最初に、パソコンとデジタルカメラを接続します。

操作 ⇨ 移動 ▶P.016   左クリック ▶P.017

1 パソコンとデジカメを接続します

デジカメに USB ケーブルを
接続します

パソコンに USB ケーブルを
接続します

パソコンと
デジタルカメラを、
専用のUSBケーブルで
接続します。

デジタルカメラの電源を
オンにします。

ポイント！

パソコンとデジタルカメラを接
続するUSBケーブルは、多く
の場合、カメラに付属していま
す。

2 写真を取り込む準備をします

画面の右下に、
左のようなメッセージが
表示されます。

ポイント！

お使いのデジカメによって、メッセージの内容は異なります。

3 フォトを起動します

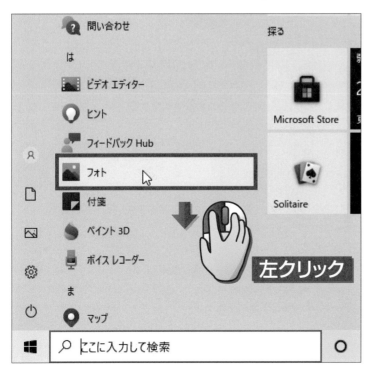

24ページの方法で、
スタートメニューを
表示します。

に

カーソル

を移動して、

左クリックします。

次へ

4 フォトが起動しました

左クリック

フォトが起動します。

最大化
| □ | を

左クリックします。

ポイント!

「サインイン」の画面や「フォトとは」や「フォトの新機能」の画面が表示された場合は、 × (閉じる)を左クリックします。

5 写真を取り込む準備をします

左クリック

画面右上の

| 凵 インポート | を

左クリックします。

接続されているデバイスから
電話、カメラ、または別のデバイスから項 を

左クリックします。

6 写真を取り込みます

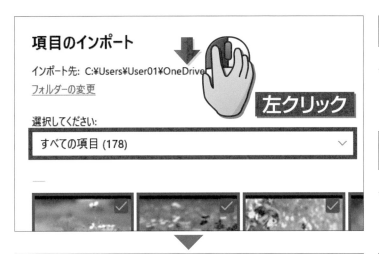

選択してください: の ∨ を

左クリックします。

すべての項目 を

左クリックします。

178 アイテムのうち 178 をインポートする を

左クリックします。

ポイント！

選択した写真の数が表示されます。

しばらく待つと、
パソコンに写真が
取り込まれます。

ポイント！

デジタルカメラの電源をオフにして、USBケーブルを抜いておきましょう。

取り込んだ写真を見てみよう

→ 取り込んだ写真を、パソコンの画面に表示してみましょう。
写真の一覧から選んだ写真を拡大表示しましょう。

操作 ▶   移動 ▶P.016 左クリック ▶P.017 回転 ▶P.014

1 写真の下の方を表示します

写真一覧の上で
マウスのホイールを

 回転します。

ポイント！

写真一覧が表示されない場合
は、画面左上の コレクション を左ク
リックします。

2 写真の下の方が表示されます

下に隠れていた写真が
表示されます。

マウスのホイールを
逆方向に
回転します。

3 元の画面に戻りました

上の方の写真が
表示されます。

4 写真を大きく表示します

拡大したい写真を

 左クリックします。

5 写真が大きく表示されました

写真が拡大表示されます。

6 次の写真に切り替えます

画面の右端中央に

カーソル
を移動して、

表示された ＞ を

左クリックします。

7 写真が切り替わりました

次の写真に切り替わります。

8 前の写真に切り替えます

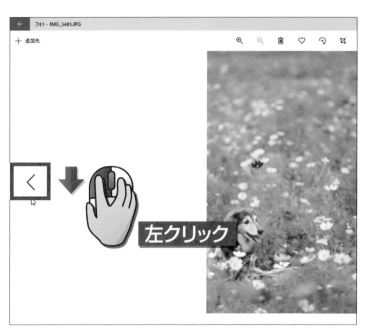

画面の左端中央に

を**移動**して、

表示された  を

左クリックします。

9 写真が切り替わりました

前の写真に切り替わります。

10 一覧表示に戻ります

画面左上の

 を

 左クリックします。

ポイント!

← が表示されていない場合は、写真の上で左クリックすると表示されます。

11 一覧表示に戻りました

写真一覧に戻りました。

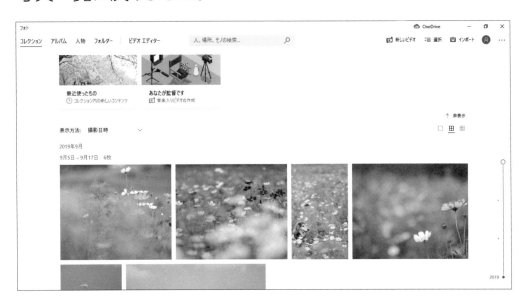

写真を明るくしよう

→ 撮影した写真が暗かった場合は、フォトを使って修正できます。
取り込んだ写真を明るくしてみましょう。

操作 → 移動 ▶P.016 ↓ 左クリック ▶P.017 ドラッグ ▶P.019

1 明るくしたい写真を拡大表示します

178ページの方法で、修正したい写真を拡大表示しておきます。

2 編集画面を表示します　その1

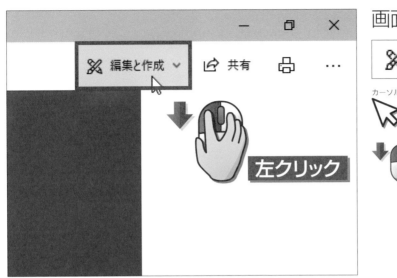

画面右上の

% 編集と作成 ∨ に

カーソル
🖰を移動して、

🖱左クリックします。

3 編集画面を表示します　その2

表示されたメニューの

🖾 編集
トリミング、およびフィルターや効 を

🖱左クリックします。

次へ

4 「調整」を左クリックします

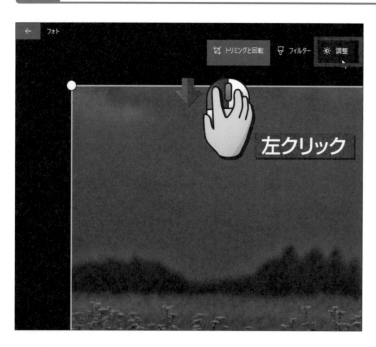

 調整 に

カーソル

👆を移動して、

👆🖱左クリックします。

5 写真を明るくします

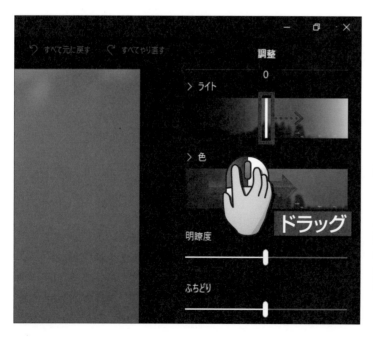

> ライト の下にある

縦棒に

カーソル

👆を移動して、右に

🖱➡ドラッグします。

ポイント！

縦棒を左にドラッグすると、写真が暗くなります。

6 写真が明るくなりました

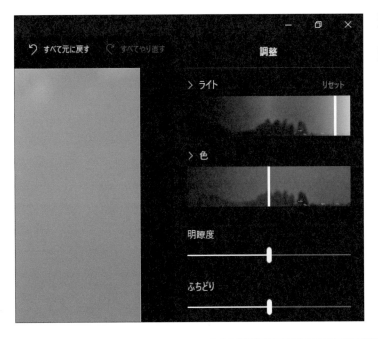

写真が
明るくなりました。

7 写真を保存します

コピーを保存 に

_{カーソル}
を移動して、

左クリックします。

ポイント!

元の写真を上書きする場合は、コピーを保存 の右側の ∨ を左ク
リックし、表示されたメニューの 保存 を左クリックします。

8 修正した写真が保存できました

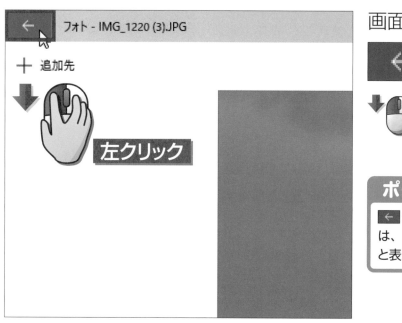

画面左上の

 を

左クリックします。

ポイント!

← が表示されていない場合は、写真の上で左クリックすると表示されます。

9 一覧表示に戻りました

写真一覧に戻りました。

修正前の写真と修正後の写真が両方表示されます。

修正後　　　　　修正前

編集機能にはいろいろある

「フォト」には、明るさ以外にさまざまな写真の**編集機能**が
用意されています。
手順**3**の方法で表示した画面の上部には、「トリミングと回転」
「フィルター」「調整」の3つのメニューが用意されており、
それぞれ左クリックすると、右側に設定画面が表示されます。
主な編集機能は以下の通りです。

設定画面

トリミングと回転	傾きの調整 回転 反転
フィルター	用意されている写真のパターンで加工する
調整	ライト 色 明瞭度 ふちどり 赤目

写真を削除しよう

→ パソコンに取り込んだデジカメの写真の中で、不要な写真を削除します。
定期的に写真を整理するとよいでしょう。

操作 ➡ 移動 ▶P.016 ⬇ 左クリック ▶P.017

1 削除したい写真を選択します

左クリック

削除する写真の上に

カーソル
🔺を**移動**します。

写真の右上に

表示される ⬜ を

⬇🖱左クリックします。

2 写真を削除します

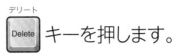

✓ が表示され、
写真が選択されます。

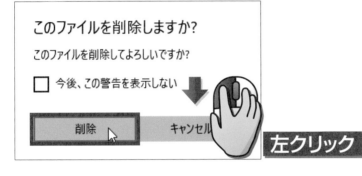

デリート
Delete キーを押します。

このファイルを削除しますか?

このファイルを削除してよろしいですか?

☐ 今後、この警告を表示しない

削除　　　キャンセル

左クリック

削除 を

↓ 左クリックします。

3 写真が削除されます

選択した写真が
削除されました。

スライドショーを再生しよう

→ スライドショーを実行すると、写真が画面全体に拡大表示され、1枚ずつ自動的に切り替わります。

操作  移動 ▶P.016 左クリック ▶P.017

1 1枚目の写真を選択します

178ページの方法で、スライドショーで最初に表示したい写真を拡大表示します。

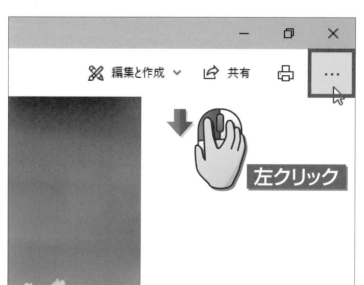

🞪 編集と作成 ∨   ⟋ 共有   🖶   ⋯

左クリック

続けて、画面右上の

もっと見る
⋯ を

左クリックします。

ポイント！

⋯（もっと見る）が表示されていない場合は、写真の上で左クリックして表示します。

2 スライドショーを開始します

表示されたメニューの

□ スライドショー を

左クリックします。

3 スライドショーが開始されます

スライドショーが開始されます。

次へ

4 次の写真が表示されます

しばらくすると、自動的に次の写真に切り替わります。

5 写真が順に表示されます

最後の写真が表示されると、最初の写真に戻り、
スライドショーがくり返されます。

6 スライドショーを終了します

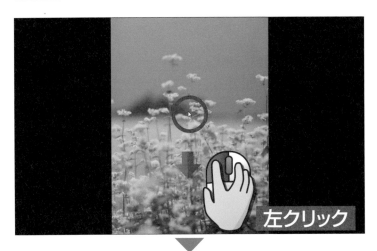

写真の上で

左クリックします。

スライドショーが
停止します。

  に

カーソル
を移動して、

左クリックします。

写真一覧に戻りました。

193

写真をパソコンの壁紙にしよう

→ デジタルカメラからパソコンに取り込んだ写真を、デスクトップ画面の壁紙に設定します。

操作 ➡ 移動 ▶P.016 ⬇ 左クリック ▶P.017

1 写真を拡大します

178ページの方法で、壁紙にしたい写真を拡大表示します。

左クリック

続けて、画面右上の

もっと見る

… を

左クリックします。

ポイント！

… (もっと見る) が表示されていない場合は、写真の上で左クリックして表示します。

2 壁紙に設定します

表示されたメニューの

 を

左クリックします。

ポイント!

「設定」は2箇所にあるため、ア
イコンの形をよく見てください。

 に

カーソル

を移動して、

左クリックします。

デスクトップの壁紙が
指定した写真に
なります。

ポイント!

「フォト」を終了すると、壁紙を
確認できます。

写真を印刷しよう

→ パソコンに取り込んだデジカメの写真を、印刷してみましょう。
パソコンにはあらかじめプリンターを接続しておきます。

| 操作 | 移動 ▶P.016 | 左クリック ▶P.017 | 回転 ▶P.014 |

1 印刷する写真を選択します

178ページの方法で、印刷したい写真を拡大表示します。

2 印刷画面を表示します

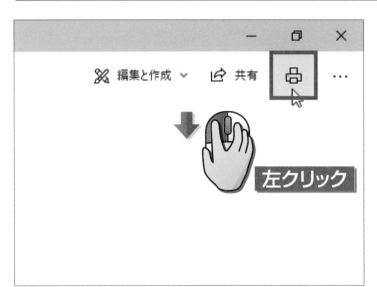

画面右上の

印刷

 に

カーソル

を移動して、

左クリックします。

3 印刷画面が表示されます

印刷画面が表示されます。

パソコンに接続している
プリンターを
確認します。

ポイント!

プリンターの電源を入れて、用
紙をセットしておきます。

4 「用紙サイズ」を指定します

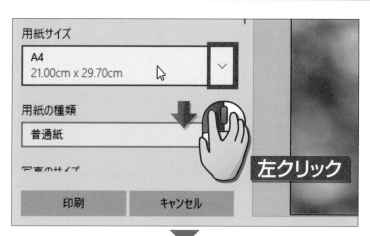

 用紙サイズ の ∨ を

 左クリックします。

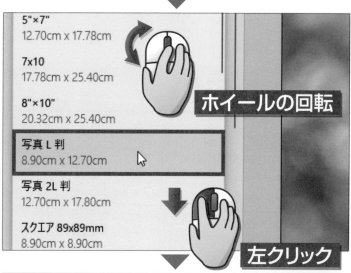

マウスのホイールを

 回転して、

プリンターにセットした
用紙を

左クリックします。

用紙サイズが
選択できました。

ポイント！
ここでは、「L判」を選択しています。

5 「印刷の向き」を指定します

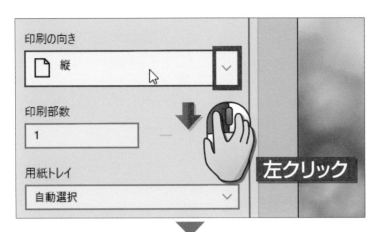

用紙の向きを
変更したい場合は、

 の ∨ を

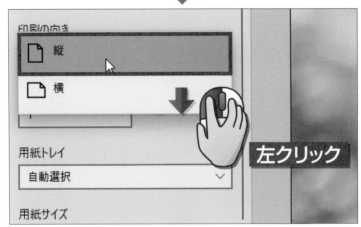

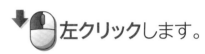 左クリックします。

正しい向きを

左クリックします。

印刷の向きを
指定できました。

 次へ

6 「用紙の種類」を指定します

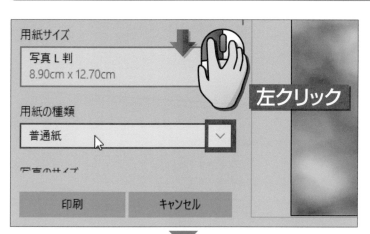

左クリック

 用紙の種類 の ∨ を

⬇🖱 左クリックします。

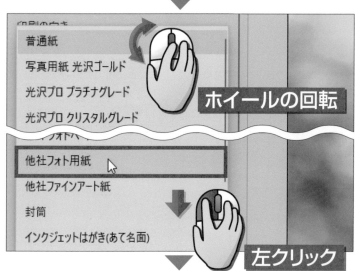

ホイールの回転

左クリック

マウスのホイールを

🖱 回転して、

印刷に使用する用紙を

⬇🖱 左クリックします。

用紙サイズ

写真 L 判
8.90cm x 12.70cm ∨

用紙の種類

他社フォト用紙 ∨

写真のサイズ

印刷　　キャンセル

用紙の種類が
選択できました。

ポイント！

ここでは、「他社フォト用紙」を
選択しています。

7 設定内容を確認します

設定した通りに印刷イメージが表示されていることを確認します。

8 「印刷」を左クリックします

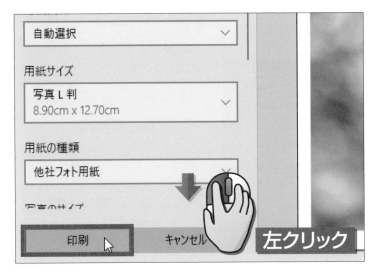

 を

 左クリックします。

写真が印刷されます。

ポイント!

画面左上の ← を左クリックして、写真一覧に戻ります。

フォトを終了しよう

➔ 写真の閲覧や印刷など、フォトの操作が終わったら、フォトを終了しましょう。

操作 ➔ 移動 ▶P.016 ⬇ 左クリック ▶P.017

1 フォトを終了します

左クリック

閉じる

 に

カーソル

 を移動して、

左クリックします。

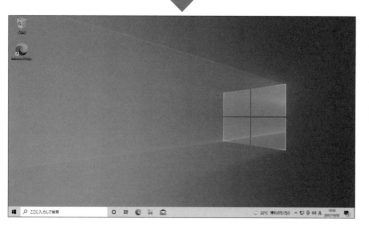

フォトが終了して、
デスクトップが
表示されます。

8 デスクトップの操作をしよう

この章でやること

 この章では、最初にウィンドウの操作を解説します。
またファイルやフォルダーについても学習します。

この章でやること

パソコンのアプリは、**デスクトップ**の上で**ウィンドウ**という単位で
動いています。
文書や写真などは**ファイル**という単位で管理され、
ファイルをまとめる入れ物が**フォルダー**です。

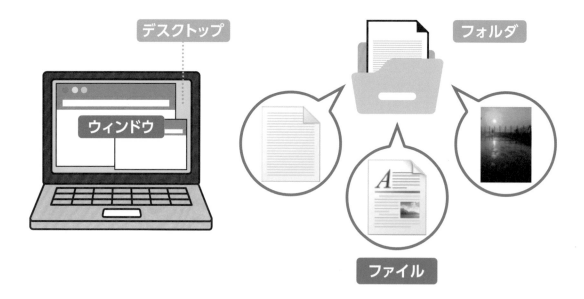

この章の流れ

この章では次の操作を学びます。

この章で解説する内容は、パソコンの極意です！ しっかり学んで身につけましょう！

デスクトップとウィンドウについて知ろう

→ デスクトップ画面で作業をする際には、必ずウィンドウを開きます。
ウィンドウについて理解を深めましょう。

ウィンドウって何?

デスクトップ画面に表示される四角い枠を、**ウィンドウ**と呼びます。
文書の保存用、ワープロ用という具合に、
アプリごとの**ウィンドウ**を開きます。

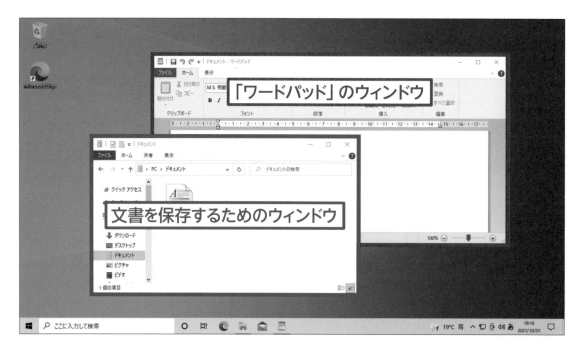

ウィンドウの画面構成について

どのアプリのウィンドウでも、**基本的な画面構成はほぼ同じです。**
ウィンドウを構成する各部の**名称と役割**を覚えておきましょう。

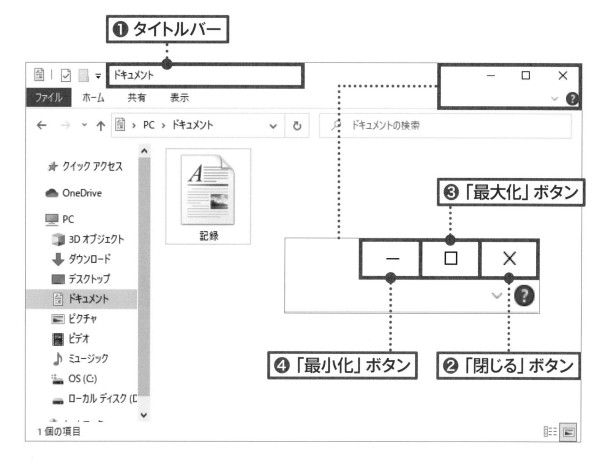

❶ タイトルバー

ウィンドウの名前が表示されます。ドラッグすると、ウィンドウを移動できます。

❷ 「閉じる」ボタン

左クリックすると、ウィンドウを閉じて作業が終了します。

❸ 「最大化」ボタン

左クリックすると、ウィンドウを画面いっぱいに大きく表示できます。

❹ 「最小化」ボタン

左クリックすると、ウィンドウをタスクバーに隠すことができます。

ウィンドウの大きさを変えよう

ウィンドウの大きさは、自由に変えることができます。
自分が使いやすい大きさで、ウィンドウを表示できるようになりましょう。

操作 ▶ 移動 ▶P.016 ▶ 左クリック ▶P.017 ▶ ドラッグ ▶P.019

1 ウィンドウを表示します

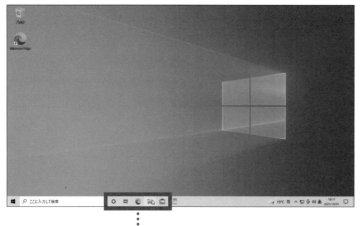

タスクバーの

エクスプローラー
に

カーソル
を移動して、

左クリックします。

左クリック

2 ウィンドウの大きさを変更します

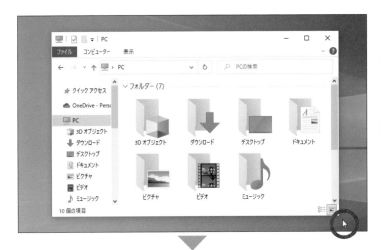

ウィンドウが
表示されます。

ウィンドウの右下隅に
を移動します。

カーソル

がになったら、
ウィンドウの内側に
向けて
ドラッグします。

カーソル

ドラッグ

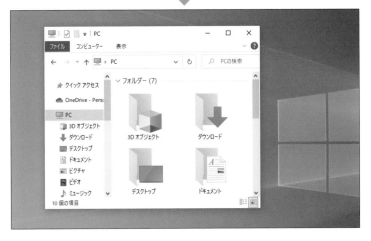

ウィンドウが
小さくなりました。

ポイント！

ウィンドウの外側に向けてドラッグすると、大きくなります。

209

ウィンドウを
最大化しよう

➜ ウィンドウは、画面いっぱいに大きく表示することができます。
ウィンドウを最大化して使うと、アプリの操作がやりやすくなります。

1 ウィンドウを最大化します

最大化 カーソル

□ に ꀀ を移動して、🖱 左クリックします。

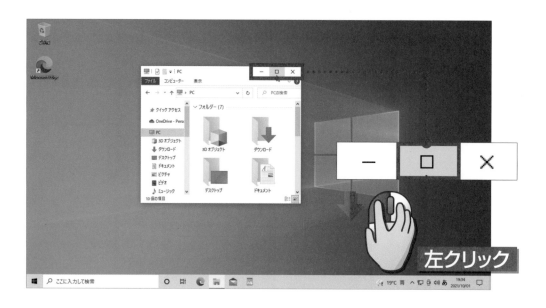

2 ウィンドウが最大化しました

ウィンドウが、デスクトップいっぱいに大きく表示されました。

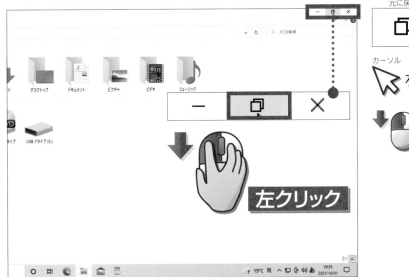

元に戻す に

カーソル を移動して、

左クリックします。

3 ウィンドウの大きさが元に戻ります

ウィンドウが元の大きさで表示されます。

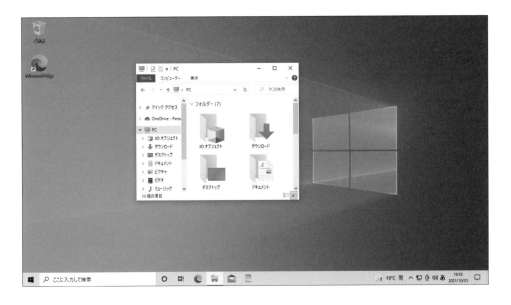

ウィンドウの位置を変えよう

→ ウィンドウは、自由に移動できます。複数のウィンドウを表示している場合など、見やすい位置に移動しましょう。

操作 ━━▶ 移動 ▶P.016 ━━▶ ドラッグ ▶P.019

1 タイトルバーにカーソルを移動します

ウィンドウのタイトルバーに 🖱カーソル を移動します。

2 ウィンドウを移動します

ウィンドウの移動先まで、ドラッグします。

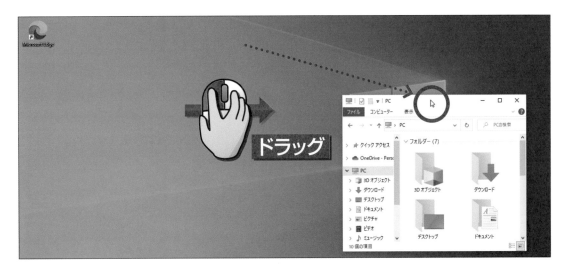

3 ウィンドウが移動しました

ウィンドウが移動しました。

うしろに隠れたウィンドウを前に表示しよう

➡ 複数のウィンドウが重なったときは、見たいウィンドウが前面になるように切り替えます。ウィンドウの前後関係を理解しましょう。

操作 ➡ 移動 ▶P.016 ⬇ 左クリック ▶P.017

1 2つ目のウィンドウを表示します

44ページの方法で、「ワードパッド」のウィンドウを表示します。

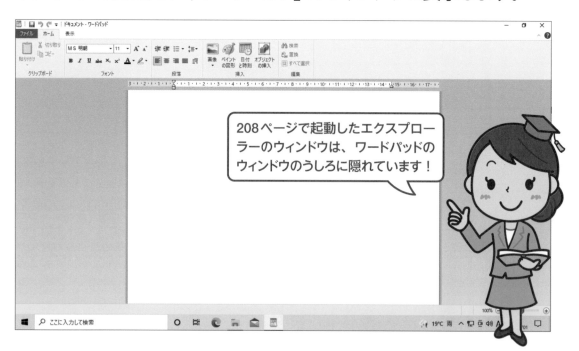

208ページで起動したエクスプローラーのウィンドウは、ワードパッドのウィンドウのうしろに隠れています！

2 ウィンドウを切り替えます

タスクバーの

エクスプローラー

 に

カーソル

を**移動**して、

 左クリックします。

3 ウィンドウが切り替わりました

うしろに隠れていたウィンドウが、前面に表示されました。

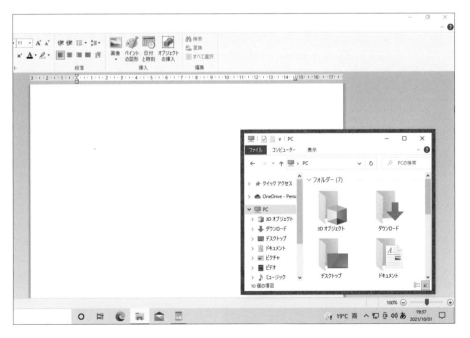

4 「ワードパッド」のウィンドウに切り替えます

タスクバーの

ワードパッド

に

カーソル

を移動して、

左クリックします。

5 「ワードパッド」ウィンドウに切り替わりました

「ワードパッド」のウィンドウが前面に表示されました。

ポイント！

2つのウィンドウの ×（閉じる）を順番に左クリックして、ウィンドウを閉じます。

タスクバーの

タスクビュー

 を

左クリックします。

開いている
ウィンドウの一覧が、
タスクビューで
表示されます。

開きたいウィンドウを

左クリックします。

左クリックした
ウィンドウが前面に
表示されました。

ファイルとフォルダーについて知ろう

→ パソコンで扱うデータは、ファイルと呼びます。
ファイルは、フォルダーという入れ入れ物に保管できます。

ファイルって何?

パソコンの中の写真や文書のひとつひとつを、**ファイル**と呼びます。

ファイルは、種類によって**アイコンの形**が変わります。

それぞれ、「写真のファイル」「文書のファイル」などと呼びます。

フォルダーって何?

ファイルを入れてまとめておく入れ物が**フォルダー**です。
フォルダーのアイコンは通常、**黄色の書類入れの形**をしています。

 # ファイルとフォルダーの関係について

フォルダーには、**複数のファイルを入れて管理**します。
たとえば、「仕事用」や「趣味用」のように用途に合わせたフォルダー
を用意して、**ファイルを整理**します。

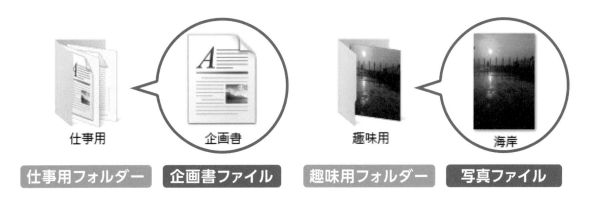

新しいフォルダーを作ろう

→ フォルダーは自由に作成できます。「ドキュメント」フォルダーの中に、「練習」という名前のフォルダーを新しく作りましょう。

操作 → 移動 ▶P.016 → 左クリック ▶P.017 → 入力 ▶P.034

1 ウィンドウを表示します

208ページの方法で、エクスプローラーのウィンドウを表示しておきます。

を左クリックして起動するウィンドウは「エクスプローラー」と呼ばれます。「エクスプローラー」は、ファイルやフォルダーを管理するためのアプリです！

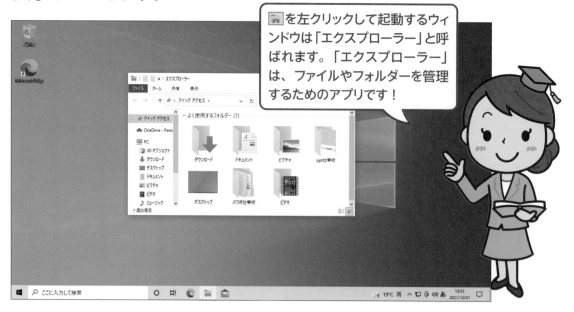

2 「ドキュメント」フォルダーを表示します

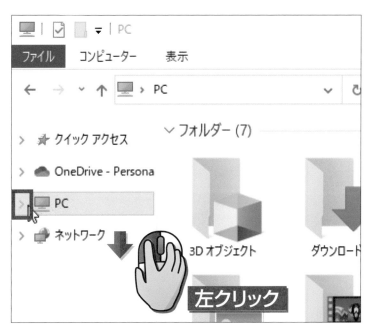

 の

左側の > を

左クリックします。

ポイント！

が見つからない場合は、マウスホイールを回転して探します。

3 「ドキュメント」フォルダーが表示されます

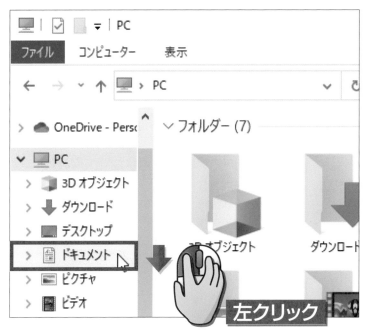

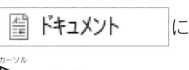に

カーソル
を移動して、

左クリックします。

 次へ

4 「ドキュメント」フォルダーの中身が表示されます

「ドキュメント」
フォルダーの中身が
表示されました。

ポイント！

この中に「記録」ファイルが見つからない場合は、48〜62ページの方法で作成・保存してください。

5 フォルダーを作成します

画面左上の

新しいフォルダー
に

カーソル
を移動して、

左クリックします。

6 フォルダー名を入力します

新しいフォルダーが
作成されます。

そのまま「練習」と

入力します。

ポイント！

A が表示されているときは、
半角/全角 キーを押して あ に切り替え
ます。

7 フォルダーが作成されました

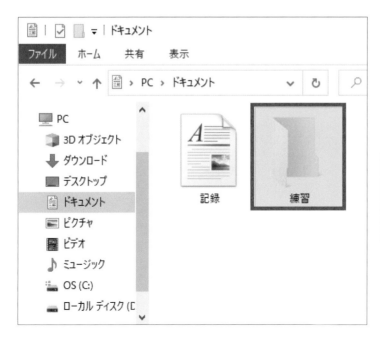

「ドキュメント」
フォルダーの中に、
「練習」フォルダーが
作成されました。

ポイント！

フォルダー名をあとから変更す
る方法は、242ページで解説し
ています。

ファイルを
コピーしよう

→ 60ページで保存した「記録」ファイルを、
220ページで作成した「練習」フォルダーにコピーします。

操作 ▶ 移動 ▶P.016 ↓ 左クリック ▶P.017 ↓ 右クリック ▶P.017

1 「記録」ファイルを確認します

221ページの方法で「ドキュメント」フォルダーを表示しておきます。
フォルダーの中に「記録」ファイルと「練習」フォルダーがあることを
確認します。

この「記録」ファイルは
60ページで保存した
ファイルです！

2 「記録」ファイルを右クリックします

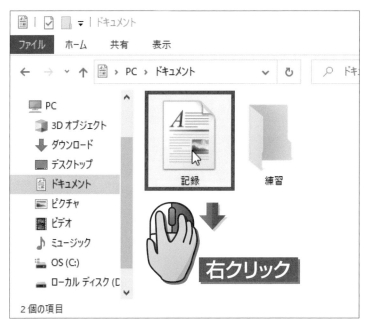

「記録」ファイルに

を移動して、

右クリックします。

3 「コピー」を左クリックします

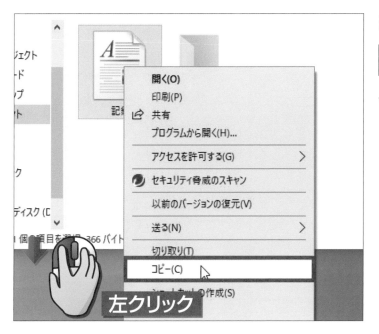

表示されたメニューの

| コピー(C) | を

左クリックします。

4 「練習」フォルダーを右クリックします

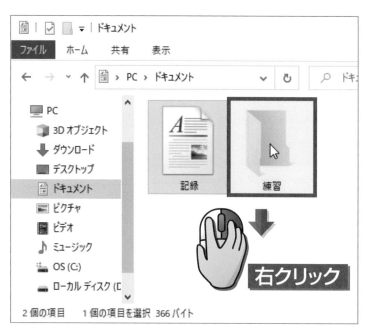

「練習」フォルダーに

カーソル

を移動して、

右クリックします。

5 「貼り付け」を左クリックします

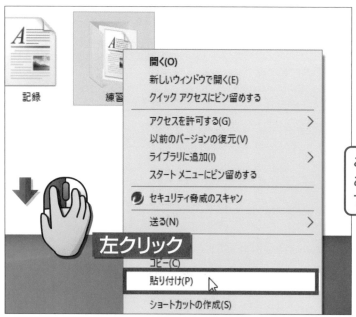

表示されたメニューの

| 貼り付け(P) |

を

左クリックします。

これで、「ドキュメント」フォルダーにあった「記録」ファイルが、「練習」フォルダーの中にコピーされます！

6 「練習」フォルダーを開きます

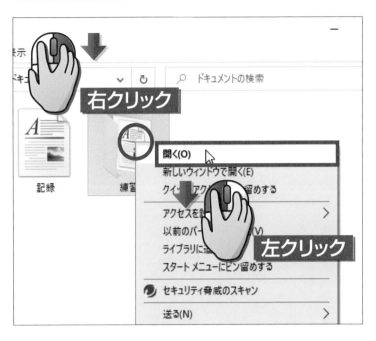

「練習」フォルダーを

右クリックします。

表示されたメニューの

 を

左クリックします。

7 「記録」ファイルをコピーできました

「練習」フォルダーに
「記録」ファイルが
コピーできたことを
確認します。

不要なファイルを削除しよう

不要になったファイルやフォルダーは、削除することができます。
ここでは、60ページで保存した「記録」ファイルを削除します。

操作 | 移動 ▶P.016 | 左クリック ▶P.017

1 「記録」ファイルを確認します

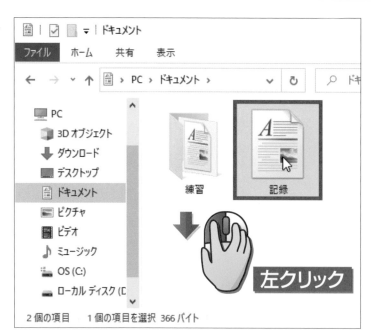

221ページの方法で「ドキュメント」フォルダーを表示します。

「記録」ファイルに

カーソル
を移動して、

左クリックします。

2 「記録」ファイルを削除します

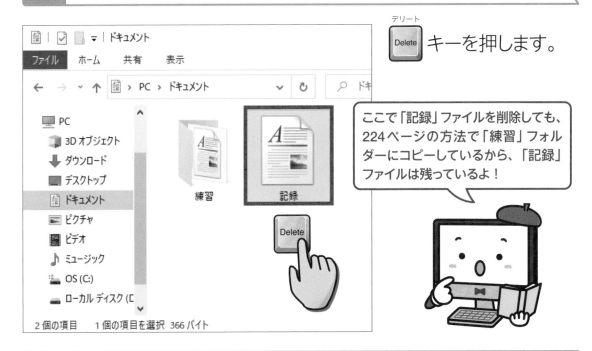

Delete キーを押します。

ここで「記録」ファイルを削除しても、224ページの方法で「練習」フォルダーにコピーしているから、「記録」ファイルは残っているよ！

3 「記録」ファイルを削除できました

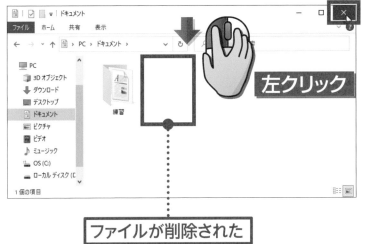

ファイルが削除された

「記録」ファイルが削除されます。

閉じる

× を

左クリックすると、

ウィンドウが閉じます。

ごみ箱を空にしよう

228ページで削除した「記録」ファイルは、「ごみ箱」に移動しただけで、パソコンには残っています。ごみ箱を空にして、「記録」ファイルを完全に削除しましょう。

操作 ━ 移動 ▶P.016 ⬇ 左クリック ▶P.017 ⬇ 右クリック ▶P.017

1 ごみ箱を確認します

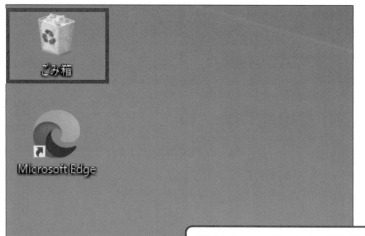

デスクトップ画面で、
ごみ箱のアイコンが
左のようになっている
ことを確認します。

削除したファイルはごみ箱に移動します。
ごみ箱の中にファイルが入っていると、
ごみ箱の形が🗑から🗑に変わります。

2 「ごみ箱」を右クリックします

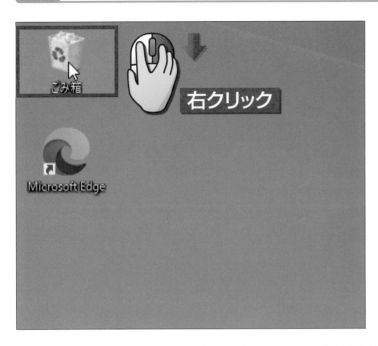

右クリック

 に

カーソル
を移動して、

 右クリックします。

3 「ごみ箱を空にする」を左クリックします

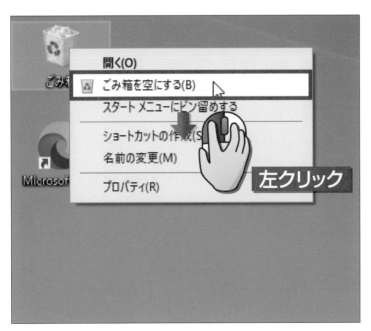

開く(O)

ごみ箱を空にする(B)

スタート メニューにピン留めする

ショートカットの作成(S

名前の変更(M)

プロパティ(R)

左クリック

表示されたメニューの

ごみ箱を空にする(B) を

左クリックします。

次へ

4 ごみ箱を空にします

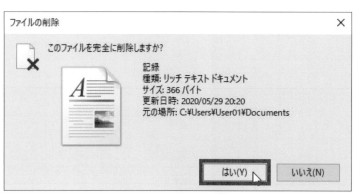

左のメッセージが
表示されたら、

 を

左クリックします。

左クリック

5 ごみ箱が空になりました

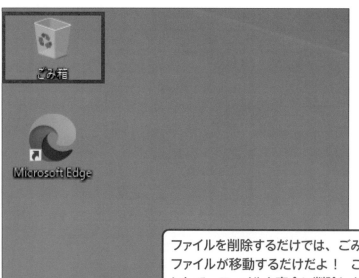

ごみ箱のアイコンが

 から に

変わりました。

これで、ごみ箱が
空になりました。

ファイルを削除するだけでは、ごみ箱の中に
ファイルが移動するだけだよ！　ごみ箱を空
にして、ファイルを完全に削除しよう！

第9章
パソコンの困った!
を解決したい

9

この章で学ぶこと

➤ アプリをかんたんに起動できますか?

➤ パソコンの音量を調整できますか?

➤ ファイルを検索できますか?

➤ ファイルの名前を変更できますか?

➤ かな入力で文字が入力できますか?

アプリをかんたんに起動したい

→ デスクトップ画面から、アプリをかんたんに起動する方法を紹介します。
画面下のタスクバーに、アイコンを表示しましょう。

操作	 移動 ▶P.016	 左クリック ▶P.017	右クリック ▶P.017

1 スタート画面でアプリを探します

24ページの方法で、スタートメニューを表示します。

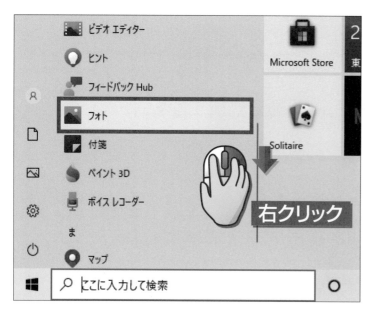

かんたんに起動したいアプリ（ここでは「フォト」アプリ）に

_{カーソル}
を移動して、

 右クリックします。

2 タスクバーにピン留めします

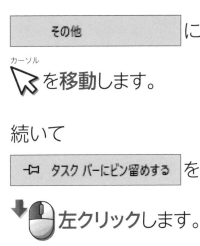

その他 に

カーソル

を移動します。

続いて

-Ό タスク バーにピン留めする を

左クリックします。

エスケープ
Esc キーを押します。

3 アイコンが追加されました

デスクトップ画面が表示され、タスクバーにアイコンが追加されます。

タスクバーの 📷 を

左クリックすると、

フォトが起動します。

ポイント！

どのアプリの場合も、同じ操作でアイコンが追加されます。

パソコンの音量を調整したい

→ パソコンから音が出ないときは、スピーカーの音量が小さくなっている場合があります。スピーカーの音量を調整してみましょう。

操作 → 移動 ▶P.016 ↓ 左クリック ▶P.017 ↔ 回転 ▶P.014

1 スピーカーのアイコンを左クリックします

タスクバーの に

カーソル
↖ を移動して、

↓  左クリックします。

雨 へ 💻 ⬛ 🔊 A 19:45 2021/10/01 💬

左クリック

アイコンが 🔇 の形になっていることもあります。このアイコンは消音状態を表します。

2 音量を調整します

ホイールの回転

█ の上に

カーソル
ℝを**移動**して、

マウスのホイールを

🖱️**回転**します。

音量が調整されます。

3 設定画面を閉じます

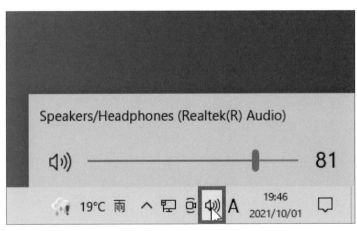

左クリック

タスクバーの 🔊 に

カーソル
ℝを**移動**して、

🖱️**左クリック**します。

設定画面が閉じます。

保存したファイルが見つからない

ファイルをどこに保存したのかを忘れてしまったときは、検索ボックスを使って検索することができます。

操作 移動 ▶P.016 左クリック ▶P.017  入力 ▶P.034

1 検索ボックスを左クリックします

左クリック

タスクバーの

🔍 ここに入力して検索 に

カーソル
を移動して、

左クリックします。

ポイント！

ここでは、48〜62ページで作成・保存した「記録」ファイルを探します。

2 キーワードを入力します

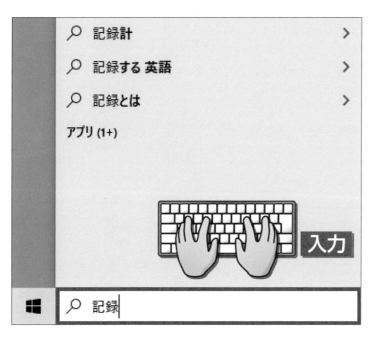

🔍 ここに入力して検索 に、

探したい
ファイルの名前を

入力します。

ポイント！
ここでは「記録」と入力しています。

3 検索結果が表示されます

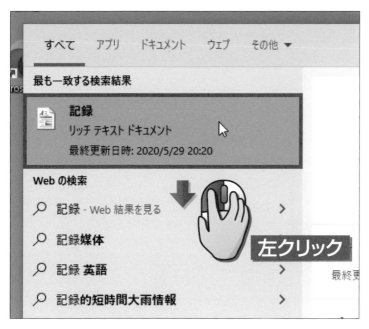

検索結果が
表示されます。

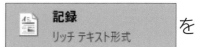 を

左クリックします。

次へ

4 ファイルが開きます

「記録」ファイルが表示されます。

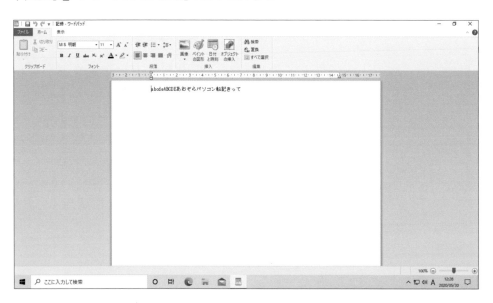

:コラム　ファイル名の一部でも検索できる

ファイル名を正しく覚えていない場合は、ファイル名の一部を入力するだけでも、検索することができます。
右の画面では、「記」の1文字だけで検索しています。

:コラム アプリも検索できる

ファイル以外にも、アプリを検索して探すこともできます。
ここでは、「ワードパッド」を検索します。

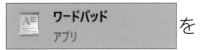 に、
「ワードパッド」と

入力します。

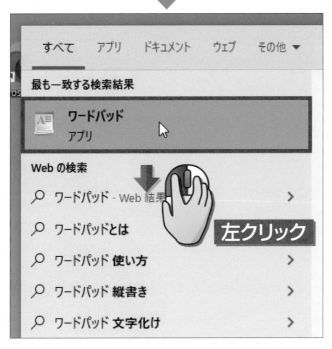

検索結果が
表示されます。

 を

左クリックします。

ワードパッドが
起動します。

「ワードパッド」だけでなく、別のアプリ名でも検索できるよ！ 「付箋」と入力すると「付箋」アプリが探せるよ！

ファイルやフォルダーの名前を変更したい

→ ファイルの名前やフォルダーの名前は、あとから自由に変更できます。
名前をまちがえてしまっても安心です。

操作 ↓ 🖱 左クリック ▶P.017 🖱 ↓ 右クリック ▶P.017 ⌨ 入力 ▶P.034

1 「ドキュメント」フォルダーを表示します

220〜222ページの方法で、「ドキュメント」フォルダーを表示します。

ここでは、220〜223ページで作成した「練習」フォルダーの名前を変更します！

2 フォルダー名を変更します

名前を変更したい
フォルダーを

右クリックします。

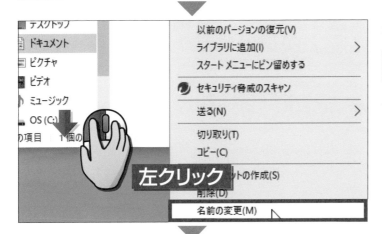

表示されたメニューの

| 名前の変更(M) | を

左クリックします。

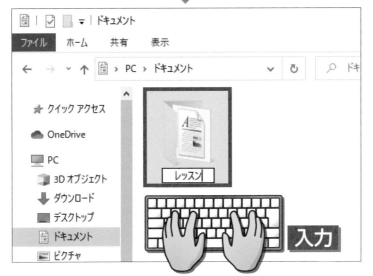

新しいフォルダー名を

入力します。

これでフォルダー名が
変更されます。

ポイント！
ここでは「レッスン」と入力して
います。

かな入力を使いたい

本書は、ローマ字入力で文字を入力する方法を解説しています。
かな入力で文字を入力するには、入力モードアイコンの設定を変更します。

| 操作 | 移動 ▶P.016 | 左クリック ▶P.017 | 右クリック ▶P.017 |

1 ワードパッドを起動します

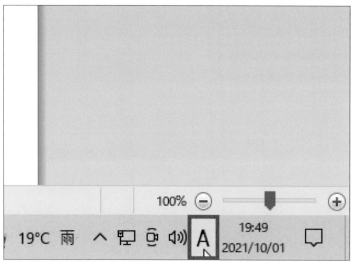

44ページの方法で、
ワードパッドを
起動します。

入力モードアイコンに

_{カーソル}
を移動して、

右クリックします。

右クリック

2 メニューが表示されます

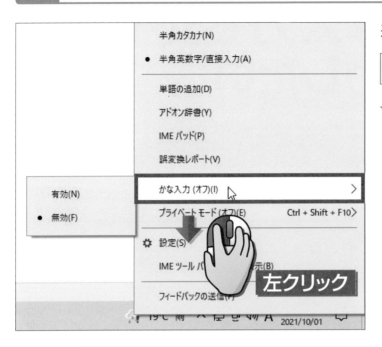

表示されたメニューの

かな入力 (オフ)(I) を

左クリックします。

3 かな入力に変更します

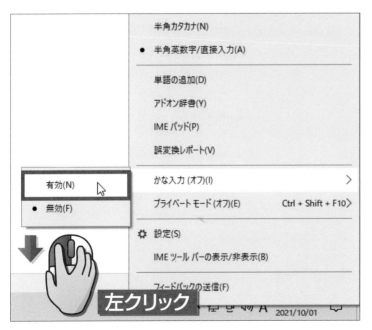

有効(N) を

左クリックします。

これで、かな入力に
切り替わりました。

ポイント！

この方法で 無効(F) を左クリックすると、ローマ字入力に戻ります。

かな入力で文字を入力したい

→ かな入力でひらがなと漢字を入力しましょう。
かな入力では、キーの表面に書かれた文字を見ながらキーを押します。

| 操作 |  | 入力 ▶P.034 |

1 入力モードを切り替えます

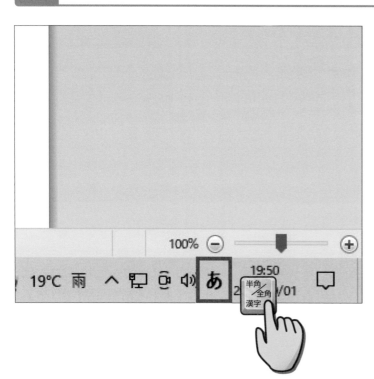

半角／全角

[半角／全角 漢字] キーを押して、

入力モードアイコンを

あ に変更します。

日本語入力モードに
切り替わります。

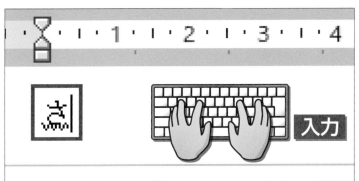

 キーを押します。

「さ」と入力されます。

ポイント!

ひらがなを入力すると、下線が
つきます。これは文字の入力が
終わっていない状態です。

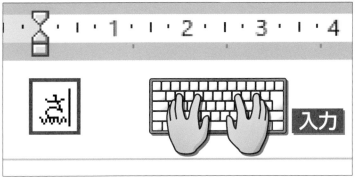

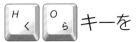

続けて、

H く　O ら キーを

押します。

「さくら」と入力されます。

ポイント!

文字の入力中には、自動的に
入力候補の一覧が表示される
ことがあります。

桜

桜井

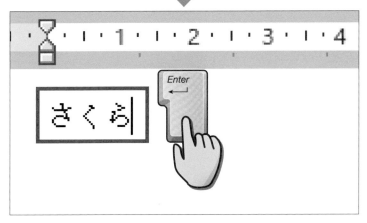

エンター
 キーを押します。

下線がなくなり、
ひらがなを
入力できました。

 次へ

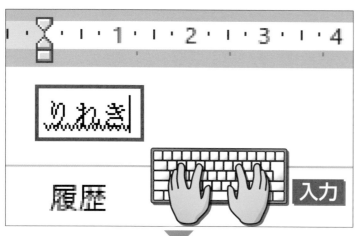

 キーを
押します。

「りれき」と表示され、
下線がついていることを
確認します。

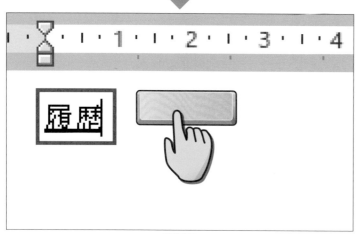

 キーを
押します。

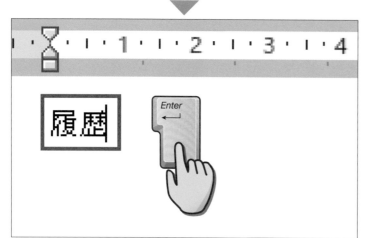

「履歴」に変換されたら、

 キーを押します。

下線がなくなり、
文字が確定します。

かな入力で促音・濁音・拗音・長音を入力する方法は、
次の通りです。

❶ 促音（そくおん）

「きって」の小さな「っ」を入力するときは、

 キーを押しながら  キーを押します。

❷ 濁音（だくおん）

「ぶ」の濁点「゛」を入力するときは、

 キーを押してから キーを押します。

> 「ぷ」の半濁点「゜」を入力する
> ときは、(ふ) のキーを押し
> てから キーを押します！

❸ 拗音（ようおん）

「きょう」の小さな「ょ」を入力するときは、

 キーを押しながら キーを押します。

❹ 長音（ちょうおん）

「コーヒー」の「ー」を入力するときは、

 キーをそのまま押します。

数字が勝手に入力される

→ NumLockキーが押されていると、数字の入力が優先されます。
NumLockキーを確認します。

NumLockキーを押します

数字が勝手に入力される場合は、
NumLock（ナムロック）という機能が働いています。

ナムロック
Num Lock キーもしくは、

Fn キーと Num Lock キーを
同時に押します。

NumLockが解除され、
通常の文字が
入力できます。

ポイント！

テンキーで数字が入力できない
場合も、同様に解決します。

アルファベットの大文字が入力される

> CapsLock キーが押されていると、大文字入力が優先されます。
> CapsLock キーを確認します。

CapsLockキーを押します

アルファベットの大文字が勝手に入力される場合は、
CapsLock（キャプスロック）という機能が働いています。

シフト
△ Shift キーを

押しながら

キャプスロック
Caps Lock
英数
漢字番号 キーを

押します。

CapsLockが解除され、小文字が入力できるようになります。

Amazonプライム会員を退会したい

→ Amazonで買い物をしたときに、知らないうちに会費が必要なプライム会員になっていることがあります。プライム会員の退会方法を知りましょう。

操作 移動 ▶P.016 左クリック ▶P.017 回転 ▶P.014

1 Amazonプライム会員情報画面を表示します

155ページの方法で、Amazonのホームページを表示します。

リスト
新しいリストを作成する
ギフトアイデア
ベビーレジストリ
ショールーム

アカウントサービス
アカウントサービス
注文履歴
ほしい物リスト
おすすめ商品
ご利用中の定期おトク便の変更・停止
ギフト券残高
メンバーシップおよび購読
Amazonプライム会員情報
Amazonビジネス（法人購買・請求……・法人割引）
……端末の管理
……ライブラリにアク
……
ウォッチリスト

左クリック

画面上部の

に

カーソル
を移動して、

表示されるメニューの

Amazonプライム会員情報 を

左クリックします。

2 プライム会員を退会します　その1

 を

⬇🖱左クリックします。

3 プライム会員を退会します　その2

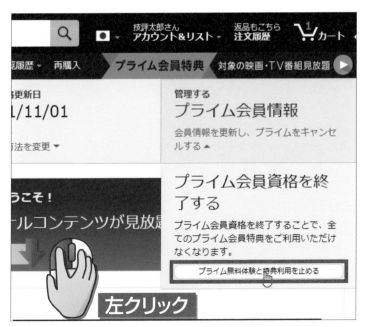

続けて、

 を

⬇🖱左クリックします。

これで、プライム会員を
退会できました。

索引

著者

井上香緒里（いのうえかおり）

カバー・本文イラスト

イラスト工房（株式会社 アット）

● イラスト工房 ホームページ
https://www.illust-factory.com/

本文デザイン

株式会社 リンクアップ

カバーデザイン

田邉恵里香

DTP

株式会社 技術評論社　制作業務課

編集

土井清志

サポートホームページ

https://book.gihyo.jp/116

今すぐ使えるかんたん　ぜったいデキます!

パソコン超入門

Windows 10 対応版　[改訂4版]

2015年 8 月 25 日　初 版　第 1 刷発行
2020年 8 月 1 日　4 版　第 1 刷発行
2021年 11 月 16 日　4 版　第 3 刷発行

著 者　井上香緒里
発行者　片岡 巖
発行所　株式会社技術評論社
　　　　東京都新宿区市谷左内町21-13
　　　　電話　03-3513-6150　販売促進部
　　　　　　　03-3513-6160　書籍編集部
印刷／製本　　大日本印刷株式会社

定価はカバーに表示してあります。

ISBN978-4-297-11432-9 C3055

Printed in Japan

問い合わせについて

本書に関するご質問については、本書に記載されている内容に関するもののみとさせていただきます。本書の内容と関係のないご質問につきましては、一切お答えできませんので、あらかじめご了承ください。また、電話でのご質問は受けつけておりませんので、必ずFAXか書面にて下記までお送りください。
なお、ご質問の際には、必ず以下の項目を明記していただきますよう、お願いいたします。

1　お名前
2　返信先の住所またはFAX番号
3　書名
4　本書の該当ページ
5　ご使用のOSのバージョン
6　ご質問内容

FAX

1　お名前
　技術　太郎
2　返信先の住所または FAX 番号
　03-XXXX-XXXX
3　書名
　今すぐ使えるかんたん
　ぜったいデキます!
　パソコン超入門
4　本書の該当ページ
　68 ページ
5　ご使用の OS のバージョン
　Windows 10
6　ご質問内容
　「記録」ファイルが
　見つからない。

問い合わせ先

〒162-0846 新宿区市谷左内町21-13
株式会社技術評論社 書籍編集部

「今すぐ使えるかんたん　ぜったいデキます!
　パソコン超入門　Windows 10対応版
　[改訂4版]」質問係
FAX.03-3513-6167

なお、ご質問の際に記載いただいた個人情報は、ご質問の返答以外の目的には使用いたしません。また、ご質問の返答後は速やかに破棄させていただきます。